»Hunde haben Herrchen, Katzen haben Personal!«
Ralf Schmitz muss es ja wissen, denn seit 23 Jahren lebt er mit seiner Katze Minka zusammen. Wie WG-tauglich seine Mieze ist, davon erzählt der beliebte Comedian in seinem Buch: Was tun, wenn die Katze aufs Klo muss, sich den Magen verrenkt, in die Pubertät kommt, das Liebesleben empfindlich stört oder an Alzheimer leidet? »Schmitz' Katze« ist pickepackevoll mit witzigen Anekdoten, hilfreichen Tipps und lustigen Gags, bei denen nicht nur Katzenfreunde auf ihre Kosten kommen!

Ralf Schmitz, Jahrgang 1974, war nach Schauspiel-, Gesangs- und klassischer Tanzausbildung bis 2002 festes Ensemblemitglied des Bonner »Springmaus«-Improvisationstheaters. 2003 wurde er für die Sketch-Comedy »Die Dreisten Drei« entdeckt. Seine Auftritte bei »Genial daneben« und der preisgekrönten »Schillerstraße« machten ihn in ganz Deutschland populär. »Schmitz komm raus!« hieß das erste Soloprogramm wie auch die erste eigene TV-Show. Zahlreiche Auszeichnungen folgten (unter anderem »Deutscher Comedy Preis«). Viele kennen ihn als Sprecher aus den Kinofilmen »Der kleine Eisbär«, »Ab durch die Hecke« und »Oh, wie schön ist Panama« oder als Sänger (»Shaun das Schaf«). In Otto Waalkes' Erfolgsfilmen »Sieben Zwerge – Männer allein im Wald« (2004) und »7 Zwerge – der Wald ist nicht genug« (2006) sahen ihn Millionen Kinobesucher als Zwerg Sunny. Ralf Schmitz ist regelmäßig in TV-Shows zu sehen und tourt mit seinen Bühnenprogrammen durch Deutschland, Österreich und die Schweiz.

Unsere Adresse im Internet: www.fischerverlage.de

Ralf Schmitz

SCHMITZ' KATZE

**Hunde haben Herrchen,
Katzen haben Personal**

Fischer Taschenbuch Verlag

Originalausgabe

8. Auflage: Dezember 2008

Veröffentlicht im Fischer Taschenbuch Verlag,
einem Unternehmen der S. Fischer Verlag GmbH,
Frankfurt am Main, Oktober 2008

© S. Fischer Verlag GmbH, Frankfurt am Main 2008
Autor: Ralf Schmitz (www.schmitz.tv)
Kontakt: www.hpr.de
Mitarbeit: Sonja Schönemann, Melanie Fahnert
Zeichnungen: Kai Pannen, Martin Simons, Ralf Schmitz
Fotografien: siehe Anhang (Bildnachweis)
Gesamtherstellung: CPI – Clausen & Bosse, Leck
Printed in Germany
ISBN 978-3-596-17978-7

www.schmitzkatze.tv

INHALT

- **9** Vorwort
- **18** Wenn die Katze kommt
- **43** Was man alles falsch machen kann
- **62** Katze ante portas
- **85** Die Teenagerkatze
- **101** Katzen-Macken
- **112** Alles für die Katz
- **123** Die Katze unterwegs
- **145** Was Katzen alles können
- **160** Was Katzen so machen
- **189** Kranke Katzen
- **209** Mit Katzen und mit Frauen leben
- **219** Hunde und Katzen
- **238** Von Katzen lernen

241 *Der Katzentest – Sind Sie reif für eine Katze?*

250 *10 Gebote für den Katzenbesitzer*

10 Gebote für die Katze

252 *Schlusswort*

258 *Dankeschön*

259 *Kleines Fotoalbum*

266 *Anhang*

Für Minka

VORWORT

»Du gehst ja ab wie Schmitz' Katze.«

Wissen Sie, wie oft ich diesen Satz in meinem Leben schon gehört habe? Das können Sie sich gar nicht vorstellen. Ich habe auch irgendwann aufgehört zu zählen. Aber es stimmt ja. Ob es das allerdings war, was mich dazu gebracht hat, dieses Buch zu schreiben ... ich weiß es ehrlich gesagt nicht.

Es gibt in meinem Leben so viele Berührungspunkte mit diesem Tier, dass ich manchmal glaube, ich wusste sogar noch eher, dass ich mal mit so einem Pelzbällchen zusammenleben werde, bevor mir klar war, Schauspieler oder Komiker werden zu wollen. Und das war auch schon sehr früh.

Meine erste Rolle spielte ich im Kindergarten. Ich scheuchte eine nicht gerade kleine Menge Mädchen, als Pferde verkleidet, durch die Manege – durch unsere Turnhalle – und war der Zirkusdirektor. Kein Witz. Ich hatte einen viel zu großen Zylinder auf, der mir immer ins Gesicht rutschte, eine Peitsche in der Hand ... Ach wissen Sie was, ich zeige es Ihnen besser, sonst glauben Sie mir eh nicht ...

Meine Mutter hat dieses Foto gemacht.
Ich hab keine Ahnung, wofür die Schelle war.

So. Ich habe es Ihnen ja gesagt: Ich war ein kleiner »Futzemann«, wie mein Vater mich immer genannt hat, was im Rheinland, glaube ich, ein recht gängiger Kosename ist. Manchmal sagt er das heute noch zu mir. Als wir beim 50. Hochzeitstag von Onkel Fred und Tante Lilo waren, zum Beispiel.

»Papa!«

»Früher hat dich das nie gestört.«

»Das ist dreißig Jahre her, Vater …«

Ich sage dann gerne Vater, das klingt erwachsener.

Meinen ersten Kontakt mit einer Katze hatte ich allerdings *vor* meinem Karrierestart, und zwar ziemlich genau im Alter von drei Jahren, 1981 ... aua – Minka hat mich gebissen – ... also gut, 1977. Glauben Sie auch nicht?

Bitte schön ...

Auch hier hat meine Mutter das Foto geschossen.

Ich hoffe, dass jetzt im Verlauf des Buches nicht ständig an meinen Aussagen gezweifelt wird. Alle, wirklich alle Geschichten sind bis auf die letzte Silbe wahr. Aua!

Dieses Foto entstand im Urlaub in Österreich. Ich kann mich nicht im Entferntesten an diesen Urlaub erinnern, bis auf den Augenblick, als ich diese Katze auf dem Arm hatte. Es war der schönste Moment in meinem Leben. Das sieht man auch, wie ich finde. Ich strahle über beide Backen, Verzeihung, Wangen. Allerdings hielt diese Freude nur kurz. Ich kann mich nämlich auch noch gut daran erinnern, dass mich diese doofe Katze unmittelbar danach kratzte, sich tierisch wehrte und schließlich auf den Boden sprang. Das Bluten meiner kleinen Ärmchen war nicht das Problem – bei dieser einen Verletzung sollte es im weiteren Verlauf meines Zusammenlebens mit Katzen nicht bleiben. Nein, die Enttäuschung, dass die Katze mich DOCH nicht mochte, machte mich fertig. Einem kleinen Jungen *kann* man nicht erklären, dass er beim Festhalten vielleicht ein bisschen zu doll gedrückt hat und die Katze so keine Luft mehr bekommen hatte. Ich war maßlos enttäuscht. Sie hatte doch so schön geschnurrt, mir an meinen Fingerchen die Leberwurst weggeleckt und mich so süß angemaunzt. Wir waren doch FREUNDE!

Diese Erfahrung war einschneidend. Sie charakterisiert die vielschichtige Beziehung und den langen, gemeinsamen Weg in großer Liebe wie auch Zerrissenheit zwischen Herrchen und Katze. Oder eben Katze und Personal. Wer hier wen besitzt, ist nämlich noch lange nicht raus und nicht so klar, wie sich das Nicht- oder Noch-nicht-Katzen-Besitzer vorstellen.

Natürlich kann es *auch* sein, dass mich meine *zweite* Theaterrolle – ja, ich war damals schon schwer im Geschäft – dazu gebracht hat, Katzen so unglaublich lustig, faszinierend und toll zu finden und mir dann irgendwann tatsächlich eine zuzulegen. Ich bin mir heute ziemlich sicher: Mit *dieser* Rolle sind die Weichen für die beiden wichtigsten Ziele in meinem Leben gestellt worden. Ab diesem Moment wollte ich eine Katze haben *und* Schauspieler werden.

Ich spielte damals den Katzenkater in einer Schultheatergruppe und … also, jetzt gehen Sie mir aber langsam auf die Nerven! Das ist jetzt das letzte Mal, okay? Also, bitte …

Das hier war Onkel Fred. Deswegen fehlt auch die Hälfte auf dem Foto. Sorry.

Der Vorhang geht auf.
»Schnarch ... schnarch ... schnarch ...« *Aufwachen.*
»Huch! Miau. Ich bin der Katzenkater. Ich bin sehr alt. Ich schlafe meistens.«

Das war der allererste Text, den ich überhaupt jemals auf einer Bühne gesprochen habe (der Zirkusdirektor hatte nichts zu sagen). Das ist doch bezeichnend, oder? Da muss man doch 'nen Katzen-Knacks fürs Leben kriegen. Jetzt, wo ich das schreibe, fällt mir das übrigens erst so richtig auf ... Moment, auf die Erkenntnis hin mache ich mir jetzt erst mal 'ne Tasse grünen Tee.

Wieder da.

Das Stück hieß ›Die feuerrote Friederike‹ von Christine Nöstlinger, und ich spielte den Kater der Heldin. Dieser Katzenkater führte durch das Stück, sozusagen als Sprecher oder Conférencier, hatte aber auch in den Szenen einiges zu tun. Ich war also das Bindeglied zwischen den Zuschauern und dem Stück. Ich musste auf die Einwürfe des Publikums reagieren und ... HIMMEL!!!

Man ist doch immer wieder baff, WIE früh die Würfel fallen. Ich war damals wohl schon so etwas wie 'ne Impro-Katze! So, also ICH habe keine Fragen mehr.

Sie gucken so misstrauisch! Ich sehe schon, ein letzter Beweis ist noch fällig. Dass ich meine Katze *wirklich* schon so früh bekommen habe, dass sie *wirklich* schon so alt ist, wie ich immer be-

Dieses Foto hat meine Mutter nicht nur gemacht, sondern auch zurechtgeschnitten. Seit wir uns kennen, seit nunmehr 33 Jahren, versuche ich meiner Mutter das abzugewöhnen. Erfolglos. Dieses Foto ist im Original circa einen Meter mal achtzig Zentimeter groß und hing bei ihr im Büro an der Pinnwand. Ich glaube, oberhalb auf dem Bild war jemand zu sehen, den sie nicht mehr mochte. Fragen Sie nicht. Ich weiß nicht mehr wer.

haupte. Sie haben ein Recht darauf. Ich sehe es ein. Wenn nicht in meinem Katzenbuch, wo dann?

Die Leute fragen mich immer, wie ich das denn gemacht habe, dass die Katze so alt geworden ist, und zuerst habe ich immer geantwortet: »Keine Ahnung.« Sie weiß eben einfach nicht, wann Schluss ist. Wie Johannes Heesters. Vielleicht hat ihr aber auch einfach keiner gesagt, dass man als Katze gefälligst höchstens 17 oder 18 Jahre alt wird. Jopi sagt ja auch keiner was.

Mir fällt gerade ein Zitat aus ›Alice im Wunderland‹ von Lewis Carroll wieder ein. Alice hat von einem Zauberpilz gegessen und wird immer größer: *»Schon«, sagte die Haselmaus, »aber ich wachse auf eine vernünftige Art und Weise und nicht in einem derart lächerlichen Ausmaß.«*

Minka ist 23 Jahre alt. Ist doch auch ein bisschen ein lächerliches Ausmaß, oder? Finde ich aber natürlich klasse! Immer wenn ich mit ihr zum Tierarzt fahre, dann kann der das überhaupt nicht glauben. Bei ihm heißt sie nur *Methusalem*. Oder *Jopi*.

Mit der Jopi-Begründung wollen die Leute und Freunde sich aber nie zufriedengeben und bohren immer weiter: »Wie? Das kann doch gar nicht sein!« – »Da muss es doch einen Geheimtipp geben.«

Nein! Gibt es nicht. Aber ich bin dazu übergegangen Folgendes zu sagen: »Liebe und gutes Futter.«

Das sage ich immer. Und es funktioniert. Ist natürlich völliger Quatsch, ich liebe meine Katze – auch wenn Sie das gleich beim Lesen des Buches vielleicht ab und zu in Frage stellen werden –, aber ob das gereicht hat, sie so alt werden zu lassen …? Nun ja, denken Sie das ruhig, gefällt mir auch ganz gut, und vielleicht, ja vielleicht stimmt es ja doch! Kommen Sie aber später nicht heulend zu mir angekrochen, weil das mit *Ihrer* Katze *nicht* geklappt hat.

Ich hatte in meinem ganzen Leben nur EINE Katze. Minka! Die kurze Liaison im Österreich-Urlaub kann man nicht mitzählen. Wir kannten uns ja kaum.

Minka und ich sind durch dick und dünn gegangen. Sie hat mitgekriegt, wie ich größer wurde, wie ich mich zum ersten Mal verliebt habe – sehr unglücklich leider, aber das muss wohl so sein –, wie das Telefon erfunden wurde, die Bilder laufen lernten … Quatsch!

Minka war immer an meiner Seite, in jeder Situation meines Lebens, und ich habe *so* viel mit ihr erlebt, dass *ein* Buch eigentlich gar nicht ausreicht, um all das aufzuschreiben, was zu erzählen wäre.

Trotz all dieser Erlebnisse mit meiner Katze will ich hier aber auch Raum geben für die Anekdoten und Verrücktheiten, die ich bei *anderen* Katzenbesitzern – bei der Ex-Freundin, meiner Schwester, Familie Rettig, Wiebke und Roger und und und – miterleben durfte. Ich glaube mittlerweile, dass JEDER eine Katze hat oder zumindest mal hatte. Und man lacht. Man lacht so endlos viel mit und über diese Tiere, dass ich sicher einen Teil meines eher positiven Gemütes auf das Zusammenleben mit meiner verrückten Katze zurückführen kann. Und dafür bin ich ihr unendlich dankbar.

So, jetzt aber los …

WENN DIE KATZE KOMMT

Wie ich zu meiner Katze kam

Als ich so circa acht Jahre alt war, beschloss meine Mutter, dass ich eine Katze bekommen sollte. Ob sie deswegen auf die Idee kam, weil sie mal wieder etwas mehr Ruhe haben wollte – ich hatte damals tausend Ideen in der Minute –, oder ob es deshalb war, weil sie selber gerne eine haben wollte, das kann ich rückwirkend nicht mehr beurteilen. Wenn man sie heute danach fragt, ist man eh nach circa drei Sekunden in der üblichen Geschichte: »Früher war ja alles ganz anders ... Weißt du noch als Tante Therese gestorben ist?«

Also, meine Mutter beschloss: Ich bekomme eine Katze. Und ich fand die Idee auch ganz gut. Und je näher der Termin rückte, an dem wir ein Pelztier aus dem Tierheim retten wollten – so sah ich das damals –, desto aufgeregter wurde ich. An Schlaf war eine Woche vorher schon gar nicht mehr zu denken, geschweige denn an Schule, Freunde oder Nahrungsaufnahme. Kurz gesagt, ich drehte fast durch.*

 * Wussten Sie eigentlich, ...
dass Kindern zwischen 6 und 16 Jahren Katzen und Hunde viel wichtiger sind als zum Beispiel Computerspiele?

Mein Gehirn hatte wegen Vorfreude-Überlastung geschlossen. An die Woche vor dem Tag X kann ich mich deshalb heute absolut nicht mehr erinnern, nur daran, dass wir irgendwann, für mich wie aus heiterem Himmel, vor der Tür des Tierheims standen und klingelten.

Ich fand es großartig. Gleich sah ich Hunderte von süßen, kleinen Wollknäuelchen, durchs Gesicht schlabbernde Hundebabys, maunzende Nassnasen … Gleich, gleich …! Die Tür ging auf, ich stürmte rein, und – was für ein Gestank! Tierheime riechen, vor allem beim ersten Besuch, nicht besonders einladend, zumal gerade, als wir eintraten, ein großer Dalmatiner vor uns in den Eingang kotzte. Und ein Dalmatiner kann 'ne Menge kotzen, gerade aus der Perspektive eines Achtjährigen, der dem Ding knapp bis zur Schulter reicht.

»Kommen Sie doch rein. Guten Tag«, sagte Frau Frank, die Leiterin des Heims, Typ Fräulein Rottenmeier aus ›Heidi‹, während sie uns entgegenkam. Das Ganze muss wohl ein einschneidendes Erlebnis für mich gewesen sein, denn an ihren Namen kann ich mich heute noch ganz deutlich erinnern. Ich kann mir sonst ja noch nicht mal den Namen meines Onkels aus dem Westerwald merken. Der, der einem immer die Luft abdrückt, wenn er einen umarmt. Aber ich schweife ab … Oh Gott, ich werde wie meine Mutter.

»Ich bekomme heute eine Katze«, sagte ich und freute mich jetzt schon wieder ein bisschen mehr. Der erste Schock war überwunden. Da kotzte der Dalmatiner ein zweites Mal. Dieses Mal während eine Assistentin ihn gerade aus dem Zimmer tragen wollte. Sie hatte ihn unter dem Bauch gepackt und hochgehoben, was wohl keine so gute Idee gewesen war.

Kurz danach kamen wir an Zimmern für ausgewachsene Hunde, Hundebabys, Papageien (mein Gott sind die laut! Und alle wirken irgendwie ständig angepisst), Meerschweinchen (rasend langweilig) vorbei und traten schließlich in das für Katzenbabys ein. Süüüß! Alle!!!! Die! Nein, die!! NEIN, DIE!!!!!!!!!! Es war hoffnungslos. Alle kleinen Dinger, eins süßer als das andere, krabbelten auf mir herum. Meine Mutter freute sich, die Tierheimleiterin auch. Ich hätte nur blind die Hand ausstrecken müssen und wir hätten alle nach Hause gehen können. Doch dann sagte Fräulein Rottenmeier mit so einem professionellen Zittern in der Stimme etwas Verhängnisvolles.

»Nebenan haben wir auch Katzen, die schon etwas älter sind. Die will aber keiner.«

Nun muss ich an dieser Stelle erwähnen, dass ich damals gerade auf dem Selbstlosigkeitstrip war, hatte ich im Kino doch ›Das letzte Einhorn‹ gesehen, und nun wollte ich unbedingt auch die alten, abgemagerten, ausgemergelten Geschöpfe ohne Beine und Ohren sehen. Meine Mutter fand das beispielhaft. Noch.

Wir gingen nach nebenan, und als ich den Raum betrat, rannte auf einem Umlauf an der Wand, etwa auf der damaligen Höhe meines Kopfes, eine fast ausgewachsene, getigerte Katze auf mich zu und maunzte mich an. So laut und so frech, dass ich mich total erschrocken habe. Minka! – das heißt, damals ja noch »Messalina«. Sie *hatte* Beine und Ohren, war aber frisch operiert, auf der Seite wegen der Sterilisation komplett rasiert, spindeldürr, und hatte einen Ausdruck in den Augen, der sagte: »Was soll das hier? Was stehst du noch rum? Nimm mich gefälligst mit, du Arsch!«

Tja, ich verstand sie, sie verstand mich. Meine Mutter brabbelte noch so etwas wie »Die Katze sucht den Menschen aus und nicht der Mensch die Katze«, und im nächsten Augenblick saßen wir auch schon im Auto: Ich mit meiner hässlichen Messalina auf dem Schoß – auf das Namensdesaster komme ich gleich noch zu sprechen –, während Fräulein Rottenmeier – ich meine, die »Tierheimleiterin« – uns aufgeregt und glücklich nachwinkte.

Minka pinkelte mir auf den Schoß. Autofahren findet sie bis heute scheiße. Aber ich leg mittlerweile was drunter.

Tja, jetzt war ich Herrchen.

Die Namensfindung

Wir wissen alle, wie entscheidend die richtige Vergabe eines Namens sein kann. Wir sind alle schon mal einem Karl-Heinz begegnet oder einem Ernst-August, vielleicht sogar einem Hans-Wurst ... – Verzeihung –, und wir haben feststellen dürfen, dass die Klischees ja irgendwo herkommen müssen. Ausnahmen bestätigen natürlich wie immer die Regel, liebe Leser. Ich heiße immerhin *Schmitz*, ich muss es wissen.

Mit diesem Wissen, das ich damals schon hatte, standen wir dann vor der Namensgebung meiner Katze. Ihr Noch-Name, der ihr im Tierheim gegeben worden war, lautete *Messalina*. Den fand ich eigentlich ganz schön, aber meine Mutter war dagegen.

Was sollte denn aus einer *Messalina* werden? Eine Prinzessin auf der Erbse? Eine egozentrische Despotin, die nur macht, was ihr gefällt und der man dann als Personal den Haushalt führen darf?

Als ob die Namensänderung daran etwas geändert hätte. Aber jetzt weiß ich auch, woher *ich* diesen Namenstick habe.

Wie sie denn dann auf Ralf gekommen wäre, wollte ich wissen.

»Tja, äh ... das habe ich mir ... das war, weil ... den hat dein Vater ausgesucht.«

Stimmte nicht.

»Dann weil ... wegen ... das kommt von Raphael, dem Engel. Mein kleines Engelchen.«

So hatte sie mich noch nie genannt. Das Thema war aber damit abgehakt. Mütter.

Messalina sollte einen anderen Namen bekommen. Wir überlegten. *Muschi* schlug ich vor. Ich wusste, es war was Versautes, aber was genau, war mir noch nicht klar. Natürlich kam das niemals in Frage, es machte nur so einen unglaublichen Spaß, die Gesichter der Erwachsenen zu beobachten, wenn man so was sagte.

Ich schlug immer mehr Namen vor, die mir einfielen. Ich ging das ganze Alphabet durch.

Amber. Fiel sofort durch. Ebenso wie *Amy* oder *Angelina. Anouschka, Arielle* oder *Babsy. Beatrix, Beauty, Becky, Belina, Belladonna, Belle, Bijou* und *Bunny.*

Und wir waren erst bei B!

Auch *Camilla, Carmen, Casablanca, Cassandra, Cassiopeja, Cecilia, Celeste, Celia, Celina, Chantal, Charisma, Chiquita, Cinderella, Cindy, Cleopatra, Daisy, Dalia, Dana, Daphne, Desdemona, Desiree, Destiny, Doofmann* – ich wollte nur sehen, ob Sie aufpassen –, *Ebony, Fanny, Fantasia, Fatima, Fay, Felicitas, Felina, Fortuna* waren eine Katastrophe.

Können Sie noch?

Weder so schöne Namen wie *Geisha, Gina, Ginger, Gipsy, Gloria, Heather, Hexe, Holly, Honey-Bee, Hope, Jackie, Jade* noch *Jolie* oder *Josephine* konnten meine Mutter erweichen.

Ich war erst acht, möchte ich an dieser Stelle erwähnen!

Zu *Kalahari, Katsinah, Kikki, Kimberly, Kyra, Laila, Lara, Lilly, Lilofee, Lisa, Lucy, Luna, Lupina, Maggie, Mandy, Marga, Mayflower, Melissa, Melody, Mermaid, Misery, Miss, Missy, Misty, Momo, Mona, Moon, Morea* oder *Morgaine* konnte ich sie auch NICHT überreden.

Erst als ich bei *Minka* ankam, da blitzte was in ihren Augen.
Gott sei's gepriesen!

Warum die Katze, obwohl sie ja eigentlich meine war, so heißen sollte, wie es meine Mutter wollte, weiß ich bis heute nicht. Ist aber auch nicht so wichtig. Wichtig war nur, dass wir endlich diesen verfi... – äh, den Ausdruck kannte ich damals ja noch nicht – jedenfalls bald einen neuen Namen finden mussten, sonst würde die Katze vorher noch an Altersschwäche sterben. Ohne Namen. Aber es war ja so weit. Der Name war gefunden:

Minka

Meine Mutter überzeugte das Argument, dass Minka wohl ein russischer Kosename oder eine russische liebenswürdige Bezeichnung für eine Katze sei. Ich habe das nie nachgeprüft. Falls es *nicht* stimmt, sagen Sie es bitte nicht meiner Mutter. Ich ändere den Namen jetzt jedenfalls *nicht* mehr.

Gott sei Dank war bei M Schluss gewesen.
So ersparten wir uns *Nadina, Nancy, Naomi, Nasty, Nelly, Nena, Nenee, Neomi, Nicky, Nightingale, Nighty, Nina, Ninotschka, Nishy, Ohura, Olga, Olivia, Ophelia, Ornella, Paloma, Paradise, Patricia, Patty, Peaches, Peachy, Peggy-Sue, Penelope, Piroschka, Polly, Pretty, Princess, Priscilla, Rachel, Regan, Romance, Romantica, Ronja, Rose, Roxana, Roxy, Samantha, Sassy, Sayonara, Scarlet, Scully, Semiramis, Serafina, Serina, Shalimar, Sheherazade, Sheila, Shiva, Snowbird, Starlett, Stella, Sue, Sulaika, Summer, Sunflower, Sunny, Tamara, Tamy, Tapsy, Tara, Teresa, Tessa, Tiffany, Tiffy, Trixi, Twiggy, Valentine, Vanessa, Venezia, Venus, Vera, Vicky, Victoria, Viola, Violet, Violetta, Virgin, Virginia, Voilá, Wanda, Wilma, Winnie, Winterflower, Witch, Woman, Wynona, Wyomie, Xena, Yasmin, Yolanda, Yvette, Zarah, Za Za* und vor allem *Zeleste*.

Ich war eigentlich eh die ganze Zeit einfach nur für *Katze* gewesen. Ich hatte das bei ›Columbo‹ im Fernsehen gesehen, der seinen Hund ebenfalls bloß »Hund« nannte. Perfekt. Lustig und problemlos.

Nein, meine Katze sollte ab sofort *Minka* heißen.

Und ich nenne sie *doch Katze*. Seit über zwanzig Jahren. Heimlich. Wenn ich sie mit »Minka« gerufen habe, dann war klar, dass sie was ausgefressen hatte. Katzen kommen eh nie, wenn man sie ruft, aber dann kam sie erst recht nicht. Warum ich in der Vergangenheit schreibe? Ach, das können Sie ja noch nicht wissen. Meine Katze ist mittlerweile so alt, dass sie nun taub ist. Minka hört nichts mehr. Deswegen ist das mit dem Namen eigentlich auch völlig egal. Besser Sie lesen dieses Kapitel erst gar nicht.

Aber falls Sie mal einen Namen für Ihre neue Katze brauchen, wissen Sie ja jetzt, wo Sie nachschlagen können.

Katzen liegen überall rum

Minka war aus dem Gröbsten raus. Ich noch nicht. Katzenleben verlaufen ja anders als die von Menschen, gerade in den ersten Jahren. Wenn wir fünf Jahre alt sind, ist so eine Katze ja bereits um die vierzig, also schon erwachsen.

Überträgt man das rückwärts, dann war Minka, als wir sie bekamen, mit nicht mal einem Jahr quasi so alt wie ich. (Für die, die genau aufpassen: Sie war damals schon zu alt und ein bisschen zu unansehnlich für das süße Babyzimmer im Tierheim gewesen.) Und Kinder brauchen viel Aufmerksamkeit. Und Katzen erst recht. Und beides zusammen? Sie machen sich keine Vorstellung.

Ich war damals aber mit ungefähr neun Jahren selber noch

ein Kind. So genau können wir das nicht mehr rekapitulieren. Wir versuchen es zwar jedes Mal auf Geburtstagen, Hochzeiten und Beerdigungen – dann eben, wenn man für so was Überflüssiges Zeit hat –, aber wir kommen nicht drauf. Wie das immer so ist, streiten wir uns ein bisschen, alle haben recht, und zum Schluss einigen wir uns, dass ich zwischen acht und zehn Jahre alt gewesen sein muss. So ungefähr. Eher neun. Achteinhalb. Oder so.

Minka, oder Katze, war eine quirlige Natur. Aber das will man ja auch, das erwartet man ja von so einem Geschöpf. Nur dass diese Dinger das IMMER sind, das hatten wir alle unterschätzt. Schlafen, Essen, Anziehen, Staubsaugen, Fernsehgucken, Lesen ... Das alles war gar nicht mehr oder nur noch eingeschränkt möglich.

Aber das war noch nicht mal das größte Problem. Wir hatten keinen Stress, weil immer mit ihr gespielt werden musste. Nein, Katzen liegen einfach überall rum! Frech. Und gehen auch nicht weg. Katzen *sind* nicht einfach nur egozentrisch: Sie haben's *erfunden*!

Es war mir in der zweiten oder dritten Klasse – man könnte jetzt wieder anfangen zu streiten – *nicht* möglich meine Hausaufgaben zu machen, weil Minka ständig auf meinen Schreibtisch gesprungen ist und sich auf meine Hefte gelegt hat, *während* ich gearbeitet habe. Ich gebe Ihnen mal ein Beispiel, wie meine Buchstabenreihen damals ausgesehen haben...

Der Baum hat viele lange Äste mit ättern.

Die Vögel sitzen auf den Ästen gen laut.

Die Sonne schein warm vo

Ein Hund holt Stöck en.

Der Tag wird hön.

Ein Wind w e ht sanft.

Mama b ringt Kekse.

Pap a trinkt Kaffee.

Es ist heiß.

S ehr!

P uh.

I ch

spi ele mit dem Ball.

Das ist lustig.

Minka li egt auf meinem Deutschheft und

Und das war noch nicht alles, worauf sie gelegen hat …

Auf dem nächsten Bild ist eine Katze versteckt. Beziehungsweise da *war* mal eine Katze auf dem Bild. Wo, meinen Sie, könnte das gewesen sein …?

Richtig.

Katzen suchen sich immer den gemütlichsten und weichsten Platz aus. Und da liegen sie dann stundenlang. Auch wenn der Platz aus dem einzigen Stück dichtem Rasen besteht, das auf der ganzen vertrockneten Wiese zu finden ist.

Dieses Foto hier ist übrigens bei einem Ausflug entstanden, aber darauf komme ich später nochmal kurz zu sprechen. Minka war nämlich eigentlich eine reine Hauskatze. Raten Sie mal, wer das so wollte? Richtig. Mama.

Minka liegt aber gerne auch woanders einfach so rum. Am liebsten da, wo die Sonne in die Wohnung scheint …

Mir ist mal ein kleines Missgeschick passiert: Ich wollte für meinen erwarteten Besuch Kaffee machen. Nun weiß vielleicht der ein oder andere, dass ich Teetrinker bin. Grünteetrinker, um genau zu sein. Aus diesem Grund fehlt mir die Erfahrung mit der Zubereitung von Kaffee. Nun wollte ich aber meinen Besuch überraschen, der natürlich mit einem furchtbaren Gebräu rechnete. Ich hatte mir überlegt, jetzt so richtig auf die Kacke zu hauen. Ich habe *frischen* Kaffee zum Selbermahlen gekauft. Dummerweise ist mir beim Öffnen die Tüte gerissen und die ganzen Bohnen verteilten sich überall auf dem Fußboden, dem Tisch …

… und natürlich auf meiner Katze, die völlig unerlaubt mal wieder auf dem Tisch herumlag.

Meinen Sie, die hätte sich auch nur einen Zentimeter bewegt? Mitnichten und Neffen! – Fünf Euro in die Kalauerkasse –, die ist schön liegen geblieben, hat noch nicht mal aufgeblickt, sondern weitergepennt.*

Ich habe dann *extra* nur die Bohnen *um sie herum* weggemacht und die, die auf ihr drauflagen, schön an ihrem Platz gelassen. Als sie dann nach 'ner Stunde aufgestanden ist, musste ich den Boden nochmal saugen.

Und außerdem gab's am Ende doch für alle grünen Tee.

 * Wussten Sie eigentlich, …
dass Katzen, um sich beim Dösen mit geöffneten Augen vor störendem Licht schützen zu können, ein drittes Augenlid haben?

Das härteste Beispiel aber dafür, dass Katzen überall rumliegen und einfach nicht weggehen, möchte ich Ihnen auch nicht vorenthalten.

Als ich etwas älter war und meine erste eigene Wohnung hatte – Minka ist natürlich mit umgezogen –, da habe ich mir mal zwei Spiegeleier gebraten ... Sie ahnen, worauf ich hinauswill? Sie glauben es nicht? Dann schauen Sie mal hier ...

Noch Fragen?

Nichts, aber auch wirklich *gar nichts* kann diese Stubentiger aus der Ruhe bringen, wenn sie keinen Bock haben. Und im nächsten Augenblick ist plötzlich wieder Action angesagt. Genau das mag ich.

Wie man übrigens sonst noch zu einer Katze kommen kann

Die meisten Leute haben ja schon so eine Art »Grund«, weshalb sie sich eine Katze anschaffen.

Man ist zum Beispiel frisch vom Partner getrennt, und die Wohnung ist auf einmal unglaublich leer. Keiner mehr da, der nervt, wenn das Essen nicht rechtzeitig fertig ist, der faul im Bett liegt, wenn man völlig fertig von der Arbeit kommt, der einfach *überall* Haare verliert… . Und so kommen dann die meisten Frauen zu ihren Katzen – weil ihnen all das wahnsinnig fehlt.

Männer hingegen, zumindest die alleinstehenden, kommen meistens über Umwege zu ihren Katzen: zum Beispiel weil die blendend aussehende Nachbarin einen neuen Lover hat, der aber leider allergisch auf Katzenhaare reagiert. Da muss das heißgeliebte Tier natürlich zu jemandem, den es schon kennt und bei dem es sich wohlfühlt und bei dem die bisherige Besitzerin von Zeit zu Zeit mal nach dem Rechten sehen kann. Und weil man(n) nichts dagegen hat, wenn die blendend aussehende Nachbarin öfter mal vorbeikommt, um ihre Katze zu besuchen, hört man(n) sich plötzlich »sehr gerne« sagen und ist somit – ZACKBUMMS – zu einem Haustier gekommen.*

Bevor hier jetzt aber der Eindruck entsteht, Katzen würden einzig und allein als »Mensch- oder Partnerersatz« in deutsche Wohnungen geholt werden: Das will ich nicht behaupten. Auf keinen Fall. Niemals!

Allerdings ziehen in sechzig Prozent aller Fälle Katzen irgendwo *ein*, weil dort kurz zuvor ein Mensch *aus*gezogen ist – meist ein männlicher Mensch.

Weitere zwanzig Prozent sind Pärchen, die dem Irrglauben verfallen sind, eine Katze wäre weniger anstrengend als ein Kind (ich lach mich tot!), zwölf Prozent ist die Katze zugelaufen und wegen des leckeren Futters geblieben, sechs Prozent sind verrückte Ausnahmen wie ich – und die restlichen zwei Prozent kommen völlig unverhofft zu ihrer Katze.

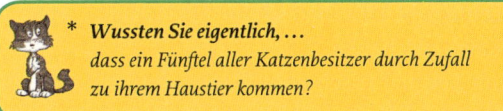

* *Wussten Sie eigentlich, …*
dass ein Fünftel aller Katzenbesitzer durch Zufall zu ihrem Haustier kommen?

Tanjas Katze

Die klassische Variante, eine Katze zu bekommen, die mit den sechzig Prozent, hat wohl meine Freundin Tanja gewählt. Freundin ist hier übrigens kumpelhaft gemeint. Eigentlich heißt sie Susanne, aber sie hat mich gebeten, ihren Namen zu ändern, und ich finde, das muss man respektieren.

Tanja ist also von ihrem damaligen Freund verlassen worden, so eine ganz unschöne Geschichte, mit viel »Es ist nicht so, wie es aussieht!«, und noch mehr »Das sind MEINE Teller, die haben wir damals von MEINEN Eltern zu Weihnachten…« – man kennt das ja.

Und danach ging es Tanja dann sehr lange sehr schlecht. Zuerst ist sie noch das normale Programm gefahren, hat viel geheult und mit Freundinnen geredet. Dann hat sie viel getrunken und mit völlig indiskutablen Kerlen geredet. Das hat der Tanja aber alles nicht wirklich geholfen. Die Leere um sie herum hat sie komplett wahnsinnig gemacht. Und weil sie sich standhaft geweigert hat, zum Friseur zu gehen, um sich eine neue Frisur verpassen zu lassen, kam sie dann auf die Idee mit der Katze.

Nun muss man wissen, dass die Tanja keine Frau ist, bei der das »Sich-mütterlich-um-jemanden-kümmern-Gen« jemals eine Chance hatte, hat oder haben wird. Sie hat einen Job, der sie sehr in Anspruch nimmt, und sie will immer alles sofort haben, nur um es dann zwei Tage später langweilig zu finden und zu vergessen. Warum sie genau *das* damals nicht auch mit ihrem Ex-Freund gemacht hat, ist mir bis heute ein Rätsel.

Natürlich habe ich sehr lange mit ihr geredet, um ihr die Katze wieder auszureden. Natürlich hat sie mir zugehört und genickt und gesagt »Du hast ja recht, Ralf, ich lasse es besser«. Und NATÜRLICH hatte sie eine Woche später trotzdem einen Kater.

Am Anfang ging das auch alles gut mit den beiden. Der Kater fühlte sich wohl bei ihr. Sie hat viel mit ihm geschmust und gespielt und kam mit ihm auch bombig über ihre Trennung hinweg. Bis Tanja nach der schlimmsten Schlussmach-Verzweiflung wieder richtig anfing zu arbeiten. Das fand der Kater nicht so gut, und aus lauter Langeweile, wenn Tanja wieder mal zwei Tage am Stück durch Abwesenheit glänzte, fing er an, ihre Bücher aufzuessen und die Tapetenecken für die eigentlich nicht anstehende Renovierung schon mal freizulegen. UND bestimmte Stellen in Bad, Küche und Schlafzimmer zu markieren. Kater hat ja sonst nichts zu tun.

Das fand Tanja wiederum nicht so gut. Ich hab ihr dann ganz vorsichtig erklärt, dass das Tier Langeweile hat und damit Aufmerksamkeit erregen will und dass er sich eben alleine fühlt.

Tanja hat sich dann *noch* zwei Katzen geholt, ein Siam-Pärchen. Weil ICH ihr ja gesagt hatte, dass der Kater alleine und ihm langweilig sei. Mit Tanja *reden* ist nie das Problem, dass sie einem *zuhört* schon eher.

Nach weiteren zwei Wochen hatte Tanja also dann einen Kater, der ihre Bücher aufaß, und ein Siam-Pärchen, das ihre teuren Antikmöbel mit neuen Mustern verzierte. Das fand Tanja auch eher so mittelmäßig, aber diesmal hatte sie Verständnis.

Das Verständnis hieß Markus und war ihr neuer Freund. Ebenfalls Katzenbesitzer. Zwei endlos haarende Perser. Markus hat sich innerhalb kürzester Zeit zuerst mit Tanja und dann mit ihren vermurksten Katzen beschäftigt. Und heute, zwei Jahre später, sind alle Beteiligten sehr glücklich: Tanja mit ihrem Job und Markus mit seinen sechs Miezen.

Wiebkes und Rogers Katze
Ein weiteres Paradebeispiel, wie man sich auf seine zukünftige Katze vorbereiten kann, beschreibe ich im Folgenden (aus persönlichen Gründen möchte ich vorab hinzufügen, dass es sich bei diesem Pärchen NICHT um Freunde von mir handelt!):

Roger und Wiebke (die heißen wirklich so – unfassbar, aber wahr) sind seit gefühlten hundert Jahren zusammen und leben in einem Ökostromselbstversorger-Fachwerkhaus.

Wiebke ist Waldorfschullehrerin und isst nur Bioprodukte. Roger ist Sozialarbeiter und isst, was auf den Tisch kommt.

Diese beiden Weltverbesserer spielten vor einem Jahr mit dem Gedanken, sich zu vermehren. Das fand natürlich der komplette Freundes-... und Bekanntenkreis ganz und gar furchtbar. Einige haben sogar versucht, sie durch vermehrte Monopoly-Abende oder heimliches Verabreichen der Pille in Wiebkes Sanddornkuchen davon abzuhalten, doch dann kam raus, dass sie keinesfalls »direkt« ein Kind in diese gebeutelte Welt setzen wollten, sondern es »erst mal« mit einer Katze zu versuchen gedachten.

Mir fällt gerade auf, dass ich genauso schreibe, wie diese Leute reden... Man möge es mir in diesem Fall nachsehen.

Wiebke und Roger (das spricht man übrigens mit weichem »g«) hatten aber nicht vor, »einfach so« zu einer Katze zu kommen. Nein, die beiden wollten das akribisch und vorbildlich planen! Und das ging so:

Zuerst haben sie sich alles angeschafft, was man als Katzenbesitzer so braucht: Katzenklo, Kratzbaum, Katzengras, Katzenbürste, Katzenfutter, Katzennapf... Das ganze Pipapo.

Bis hierher schien alles noch halbwegs normal zu sein, auch wenn ihr Umfeld die Anschaffung von sieben verschiedenen Näpfen und Bürsten (für jeden Wochentag je ein Exemplar) zwar übertrieben fand – aber es handelte sich ja um Wiebke und Roger, da dachte man sich nichts weiter dabei.

Statt dann aber zeitnah eine Katze im Ökostromselbstversorger-Fachwerkhaus einziehen zu sehen, sah man Roger mit weichem »g« einen Monat lang mit einem Pflanzen-Fachbuch die Gegend durchstreifen. Wiebke hatte ihn nämlich gebeten, herauszufinden, ob eventuell eine Gefahr durch giftige Gewächse für die Katze bestehen könnte. Nachdem das dann endlich erledigt war, kam die Katze immer noch nicht.

Der beste Ort für das Katzenkörbchen musste nämlich erst noch von einem Wünschelrutengänger »ergangen« werden. Das ist kein Witz. Wiebke war tatsächlich der Meinung, dass man es der Katze nicht zumuten könnte, über einer Wasserader zu schlafen und damit eine »Lernschwäche« oder etwas ähnlich Schlimmes auszulösen.

Als der Platz für das Körbchen bestimmt, alle Farben und Böden im Haus auf eventuelle Giftstoffe überprüft worden waren und Roger sich von vier seiner Lieblingspullis getrennt hatte, weil diese Synthetikstoffe enthielten – also ein halbes Jahr nach der Idee mit der Katze – war dann immer noch keine in Sicht.

JETZT tauchte nämlich das Problem auf, dass die Katze vom Sternzeichen her nicht zu den beiden passen würde, wenn sie im Mai oder Juni geboren worden sei. Man stelle sich das einmal vor: Wiebke ein Krebs, Roger ein Fisch, und die Katze ist ein Stier ... Grande catastrophe!

Was genau noch alles passiert ist, habe ich vergessen oder erfolgreich verdrängt. Das kann aber auch daran liegen, dass Wiebke und Roger nach der Sternzeichengeschichte den Kontakt zu allen menschlichen Wesen schon mal vorsorglich abgebrochen haben, damit die Katze, wenn sie denn dann da ist, nicht ihre Mitte verliert, wenn sie mit vollkommen fremden Menschen konfrontiert wird.

Das Letzte, was ich gehört habe, war, dass jemand Wiebke mit einem eindeutigen Schwangerschaftsbauch im Biomarkt getroffen hat und sie irgendetwas von »... dabei ganz vergessen, an die Verhütung zu denken ...« gemurmelt hat.

Na ja. Vermutlich ist es besser so. Ich stelle mir nämlich die ganze Zeit vor, wie Wiebke die arme Katze bei einer Familienaufstellung angemeldet hat, um mit ihr das Dilemma mit ihren sechs Geschwistern zu verarbeiten.

Jens' Katze
Jens ist vor ein paar Jahren, an einem wunderbar romantischen Frühlingssonntag, mit seiner – wie er es formuliert – »nicht

mehr ganz neuen, aber immer noch in sie verliebten« Freundin nach dem Mittagessen spazieren gegangen. Die beiden kamen an einem Bauernhof vorbei und hörten plötzlich Maunzgeräusche. Seine Freundin bekam sofort diesen Gesichtsausdruck, den Frauen immer kriegen, wenn sie an etwas Niedliches, Unschuldiges, Hilfsbedürftiges denken wie Tierkinder mit großen Kulleraugen, brabbelnde Babys oder ihren neuen Freund beim Aufbauen des Ikea-Regals. Das gilt aber wirklich nur für einen NEUEN Freund. Auf jeden Fall wollte sie sofort nachsehen, was da so unfassbar herzzerreißende Maunzgeräusche von sich gab.

Weil mein Kumpel Jens nun seine Freundin sehr liebt und außerdem auf einen sagen wir mal »romantischen Nachtisch« spekuliert hatte, war er ganz bei der Sache und überhaupt nicht genervt und hat sofort gemeinsam mit ihr nachgesehen. Was konnte es denn auch schaden, sich bei einem Spaziergang ein süßes Katzenbaby anzusehen? Gar nichts. Überhaupt nichts.

Allerdings, wenn man dem immer lauter werdenden Maunzen dann schließlich bis hinter den Misthaufen gefolgt ist und da dann den grausamen Bauern entdeckt, der gerade dabei ist, den letzten Wurf seiner Hofkatze im Eichenfass zu ertränken, dann trifft diese Annahme *nicht* mehr zu. »Süß«, »klein« und »fast tot« … kein guter Zustand für Katzen. Und für die Freundin von Jens schon gar nicht. Vor allem aber nicht für den »romantischen Nachtisch«. Und darum musste er als guter, verständnisvoller Partner und Freund natürlich blitzschnell entsprechende Gegenmaßnahmen ergreifen.

Und Jens hat, wie jeder echte Kerl, das in dieser Situation einzig Richtige getan: Einen beherzten Schritt nach vorne, hundert Euro wie beiläufig aus der Tasche gezückt – eigentlich waren es eher 87 Euro und 32 Cent, aber egal – und dem brutal meuchelmordenden Bauern ins Gesicht gebrüllt, was für ein »hinterweltlerisches Schwein« er sei.

Im Anschluss an Jens' äußerst heroische Tat kam dann aber natürlich das, was er bis dahin nicht bedacht hatte: Seine Freundin wollte jetzt unbedingt dieses süße, kleine, gerade eben so gerettete Wollknäuel haben. Un-be-dingt!

Tja … Leben-Retten schafft offenbar Mutter-Bindung.

Was sollte Jens da groß entgegensetzen, wo er doch nur Minuten zuvor dafür gesorgt hatte, dass das Todesurteil über die ach so süße Maunzgesellschaft nicht vollstreckt wurde? UND er immer noch Lust auf Nachtisch hatte? Jens war schon immer recht eindimensional veranlagt gewesen. Für ihn hieß es an dieser Stelle also unvermeidlich:

Herzlichen Glückwunsch zum neuen Mitbewohner, einem Lebensgefährten, der nachweislich länger bleibt, als eine durchschnittliche Ehe hält, der neuen Schmuse-Nummer eins im Leben Ihrer Freundin!

Mein Kumpel Jens hat großes Glück gehabt, dass *er* es damals war, der die Katze gerettet hat. Denn jede Katze hat zwar ihre ganz eigenen unterschiedlich schlimmen Macken, aber eines haben sie alle gemeinsam: Sie vergessen NIE (außer Minka – aber dazu später mehr …)!

Und so hat Jens mittlerweile das Vergnügen, zwar böse angefaucht zu werden, wenn er sich nachts mehr als dreimal rumdreht, aber im Grunde respektiert *Kamikatze* ihn. Schlimm, aber sie heißt jetzt wirklich so und ist ihm dankbar für seine heldenhafte Tat von damals. Bestimmt. Also … ziemlich.

Bevor die Katze kommt – Für erstmalige Katzenbesitzer

Wer sich *bewusst* für eine Katze entscheidet, also nicht durch Mord und Totschlag auf einem Bauernhof oder durch eine Trennung dazu gezwungen wurde, der wird schnell merken, dass sich die Anschaffung einer Katze doch ein bisschen von der Anschaffung eines Hamsters oder Wellensittichs unterscheidet …

Natürlich sollte niemand dem Beispiel von Wiebke und Roger folgen, aber bevor Sie sich eine Katze ins Haus holen, brauchen Sie schon ein paar Dinge:

 »*Ein Katzenklo.*«

»*Mit ›Haube‹ zur garantierten Diskretion: Viele Katzen bestehen darauf!*«

 »*Katzenstreu.*«

»*Investieren Sie lieber etwas mehr als zu wenig – die gute, teure Streu zeichnet sich dadurch aus, dass sie sich auch nach der Verwendung noch da befindet, wo sie hingehört: im Katzenklo. Stinken tun sie alle. Sorry.*«

 »*Katzenfutter.*«

»Verschiedene Feuchtsorten UND Trockenfutter! Nicht, weil das wichtig ist, sondern weil Ihre Katze gerne die Wahl hat.«

»Ein Katzenkratzbaum oder Kratzbalken.«

»Unterschätzen Sie die Dringlichkeit von Kratzgelegenheiten nicht, die zu genau DIESEM Zweck in Ihrer Wohnung sein sollten! Ihre Katze wird es nämlich auch nicht tun.«

»Dann noch: eine weiche Bürste für mein Fell, mindestens drei weiche Daunendecken, Katzengras in einem flachen Gefäß und Spielzeugmäuse. Ganz viele Spielzeugmäuse!«

»Eine Bürste, okay. Katzengras und Mäuse gehen auch in Ordnung. Aber eine Daunen-Decke? Jetzt reicht's aber.«

 »*Zwei! Und eine davon aus Kaschmir!*«

»*Eine! Aus Baumwolle! Schluss!*«

 »*Eine große aus Baumwolle und eine kleine aus Kaschmir! Sonst mach ich dir auf den Teppich!*«

»*Na gut…*«

Und das ist erst der Anfang.

Nein, im Ernst: Kaufen Sie all die schönen Dinge. Bereiten Sie sich vor, so gut Sie können, und lesen Sie all die Ratgeberbüchlein, die im Buchhandel zu kaufen sind. Merken Sie sich alles, prägen Sie sich alles gut ein, werden Sie zum ultimativen Katzenspezialisten und DANN …

… schmeißen Sie den ganzen Kram in die Ecke und holen Sie *endlich* Ihre Katze, Herr im Himmel! Wer ist denn so *peinlich* und liest Katzenbücher, BEVOR er überhaupt eine Katze hat?! Oder soll ich Sie Wiebke nennen? Oder Roger mit weichem »g«?

Los! Katze kaufen, klauen, retten oder schenken lassen – wie auch immer!

Denn trotz allem. Es lohnt sich …

Wie man sich auf eine Katze vorbereiten kann

Wie, Sie haben *immer noch* keine? Sie überlegen *immer noch*, ob Sie sich eine Katze anschaffen sollen? Sie haben *immer noch* Zweifel und können sich das Zusammenleben mangels Erfahrung noch nicht so recht vorstellen?

Dann helfe ich Ihnen. Lesen Sie die folgenden Empfehlungen aufmerksam durch, machen Sie alles genau so, wie ich es beschrieben habe. Halten Sie dann inne und entscheiden Sie selbst, ob Sie damit klarkommen. Viel Spaß!

1. Gehen Sie ins Badezimmer, rollen Sie das gesamte Toilettenpapier ab und verteilen es auf dem Boden.
2. Legen Sie abends beide Arme hinter den Kopf und lassen Sie sie so. Wenn Sie dann morgens aufwachen, wissen Sie, wie es ist, wenn die Katze auf Ihrem Arm eingeschlafen ist, Sie sich aber nicht getraut haben, sich zu rühren.
3. Verstecken Sie ein Stück toten Fisch hinter Ihrer Stereoanlage und vergessen Sie das sofort. Sie dürfen den Fisch erst nach drei Wochen finden.
4. Verteilen Sie Ihre Unterwäsche in der Wohnung, kurz bevor Sie Ihre Schwiegereltern zu Kaffee und Kuchen abholen.
5. Stellen Sie sich den Wecker auf halb vier Uhr nachts, stehen dann total verpennt auf und machen die Schlafzimmertür auf. Dann stellen Sie den Wecker auf vier.
6. Füllen Sie Essen in eine Schüssel, während Ihr Partner Ihnen ungeduldig und hungrig in die Ohren schreit. Danach stellen Sie das Essen auf den Boden, und Ihr Partner muss dann zur Arbeit gehen, ohne auch nur noch *einen* Gedanken daran zu verschwenden.
7. Zerreißen Sie Ihr Lieblingshemd. Besser Sie tun es, als jemand anderes.
8. Oder rasieren Sie Ihren Angorapulli und verteilen *alle* Fusseln auf Ihrem Lieblingshemd. Oh, schon kaputt. Schade.

9. Legen Sie eine quietschende, rutschige, leicht zu übersehende Maus in den Flur vor die Tür Ihres Schlafzimmers und gehen schlafen.
10. Nehmen Sie eine Gabel und fahren wahlweise über den Mahagonischreibtisch, die Ledercouch oder die Chromoberfläche Ihres Designerherdes. Oder über alles.
11. Bitten Sie einen Freund, nachts an Ihrem Fußende zu wachen und mit dem Heftzweckenentferner sofort und erbarmungslos anzugreifen, sobald sich Ihr herausschielender Fuß auch nur *eine* Sekunde bewegt.*
12. Bitten Sie Ihren Schatz – *wann* darf er selber entscheiden –, plötzlich für mindestens zwei Tage zu verschwinden. Und wenn er wiederkommt, dann darf er Ihnen nicht sagen, wo er war, und Sie dürfen ihn nicht danach fragen.
13. Kaufen Sie von jeder Katzenfuttersorte jeweils eine Dose. Und dann schmeißen Sie neunzig Prozent davon wieder weg.
14. Suchen Sie sich ein paar Mal in der Woche in Ihrem Garten mindestens zwei, drei Zecken und lassen Sie diese sich durch das Brusthaar in die Haut von Onkel Fred eingraben. Nehmen Sie eine Zeckenzange und versuchen Sie Ihr Glück. Wenn Ihr Onkel Borreliose bekommt, machen Sie einfach auf dem Rücken von Onkel Willi weiter.
15. Hören Sie auf mit dem verdammten Quatsch! Man *kann* sich nicht auf eine Katze vorbereiten. Nichts ist so wie das Original! Los, Sie haben doch schon längst Feuer gefangen, holen Sie sich Ihren Tiger!

Und viel Spaß beim Weiterlesen. Das war noch gar nichts.
Jetzt geht's erst richtig los…

* *Wussten Sie eigentlich, …*
dass Katzenkinder auch Milchzähne haben, die ab dem dritten, vierten Monat ausfallen? Das Katzengebiss sollte regelmäßig bei den Routine-Arztbesuchen kontrolliert werden.

WAS MAN ALLES FALSCH MACHEN KANN

Wenn die Katze kommt

In dem Moment, in dem die neue Katze zum ersten Mal in Ihre Wohnung kommt, ändert sich etwas Grundlegendes in Ihrem Leben. Zum einen: Die Katze kommt nicht einfach nur rein; sie wird von Ihnen über die Schwelle getragen. Und auch wenn Ihnen persönlich die Ehe-Assoziation jetzt noch gar nicht so bewusst ist ... Warten Sie nur ab!

Ich selbst war noch nie verheiratet, habe aber 'ne Katze. Und Freunde meiner Eltern haben jahrelang geglaubt, Minka wäre der Spitzname meiner Frau. Oft schmusen wollen, hin und wieder zickig sein, überall ihre Haare finden, nicht zu lange wegbleiben dürfen ... das hat alles gepasst.

Gut, beim Thema »Fell ausbürsten« wurden sie immer stutzig. Ich glaube, die dachten dabei an unanständige Sexpraktiken. Ich habe das lange nicht aufgeklärt und davon geschwärmt, dass sie ja so beweglich ist und mit ihrer Zunge einfach überall hinkommt. Wenn man erst mal weiß, an was die anderen denken, macht es einen Riesenspaß.

Ich habe dann davon erzählt, dass ich ihr ein neues Halsband und 'ne Leine gekauft habe und sie das richtig toll findet. Dass wir auch schon mal damit draußen waren und die Leute ganz komisch geguckt haben. Dass ich es klasse finde, wenn sie schnurrend auf der Couch liegt, weil ich dann genau weiß, was sie will ...

Und dass ich mit ihr zum Arzt muss, weil sie dringend 'ne Wurmkur braucht. Da wurden sie stutzig. Nach drei Jahren! Ich hatte 'ne tolle Zeit.

Doch zurück zur Katze, die man *im Körbchen* über die Schwelle trägt ...

Am Tag der Ankunft Ihrer Katze sollten Sie sich keine weiteren Termine vornehmen. Noch besser, Sie machen das an einem Wochenende. Eigentlich sollten Sie sich die ersten drei Wochen komplett freinehmen, denn was Sie in dieser Zeit falsch machen, das kriegen Sie nie wieder repariert – im Kopf Ihrer Katze, meine ich.

Am besten schalten Sie als Erstes alle lauten Geräte aus wie die Waschmaschine, Omas Lieblings-Fernsehkanal und die vor Entzücken kreischende Freundin. Stellen den Katzenkorb da ab, wo Sie zuvor auch das Katzenklo hingestellt haben, und lassen Ihre Katze zunächst allein ihr neues Revier erkunden. Dabei sollten Sie aber immer in Reichweite sein, schließlich soll die Katze wissen, wer hier ihr Ansprechpartner ist. Und das sind dann doch besser Sie und nicht die Yucca-Palme.

Und ab diesem Moment heißt es: OBACHT!

Sie haben nur diese eine Chance.

Ich selbst bin ein bisschen mitschuldig an der neurotischsten Katze auf diesem Planeten und habe sicher viele Fehler gemacht, aber ich war damals auch noch sehr klein, wie ich bereits erwähnte ... JUNG, meine ich, ich war sehr jung. Deshalb weiß ich aber auch genau Bescheid und möchte Sie mit den folgenden Tipps davor bewahren, dasselbe durchzumachen wie ich und meine Freunde.

Fehler Nummer eins: Zu wenig Beachtung!

Das ist natürlich IMMER ein Fehler, nicht nur beim Einzug der Katze, aber gerade an diesen wichtigen ersten Tagen gibt es absolut keine Entschuldigung für Abwesenheit oder Abgelenktsein!

Sie sind jetzt der Lehrer und Meister Ihrer Katze, merken Sie sich das bitte. Und glauben Sie fest daran. Sie sind bald der Einzige. Genießen Sie es, solange es dauert.

Wenn es eine ganz junge Katze ist, dann kennt sie bis jetzt weder Katzenklo noch Fressnapf, noch Kratzbaum, noch Sie. Und genau DIESE vier Dinge muss die Katze ganz schnell kennenlernen, sonst verwechselt sie die Anwendung dieser Dinge und kaut nachts an Ihren Haaren, pinkelt in den Napf und schmust mit dem Klo. Das will niemand, und man bekommt dieses Verhalten auch nur ganz schwer seinen Freunden erklärt.

Zeigen Sie Ihrer Katze also, wo sie von nun an ihre Mahlzeiten einnehmen wird, und wechseln Sie diesen Ort NIEMALS! Es sei denn, Sie haben Spaß daran.

Da, wo Ihre Katze zum ersten Mal gefüttert wird, wird sie ziemlich sicher immer essen wollen. Und auch, wenn es Sie jetzt noch so sehr reizt, den Napf beim ersten Mal ganz oben auf das Bücherregal oder die wacklige Wohnzimmerlampe zu stellen – bedenken Sie bitte, nicht zuletzt auch im Interesse Ihres Mobiliars, dass Witze und Katzen irgendwann alt werden … und spätestens dann ist das nicht mehr lustig.

Nachdem die Katze nun ihren Fressplatz kennt, zeigen Sie ihr das Katzenklo. Das sollte übrigens auf keinen Fall im selben Zimmer stehen, in dem Sie oder die Katze essen. Auch wenn Katzen den Ruf haben, sehr reinlich zu sein … das ändert nichts an diesem Geruch.

Ich hatte als kleiner Junge gerade den Film »Das Labyrinth« gesehen, und als ich zum ersten Mal im Bad stand, nachdem

Minka auf dem Klo gewesen war, da wusste ich, dass der Autor, der das ›Moor des ewigen Gestanks‹ erfunden hatte, 'ne Katze gehabt haben musste. Sie werden sehr bald wissen, wovon ich spreche.

Das Bad ist der perfekte Ort. Da sind Sie auf olfaktorische Generalangriffe wenigstens psychisch vorbereitet. Und glauben Sie mir, Sie werden trotzdem überrascht sein.

Also, wenn es das allererste Mal ist, dass Ihre Katze ein Katzenklo benutzt, und wenn dabei sogar Ergebnisse erzielt wurden, dann loben Sie Ihre Katze unbedingt so viel Sie können.

Dann nehmen Sie ihre Pfote und zeigen ihr, dass sie das Ergebnis sehr gründlich vergraben soll. Wenn Sie das für einen Witz halten: Es ist keiner. Ich lege Ihnen diesen Hinweis wärmstens ans Herz, weil manche Katzen leider nicht von alleine auf die Idee mit dem Zuschaufeln kommen, auch wenn das angeblich zum »Instinktverhalten« gehört. Wenn Sie ihr das NICHT direkt am Anfang »erklären«, können Sie demnächst dabei zusehen, wie Ihre Katze nach dem Geschäft an der Waschmaschine kratzt. Manche Katzen können auch dusselig sein.

Bei meiner Schwester war es nämlich genauso. Vielmehr bei ihrer Katze Shira. Sie kratzt immer sehr ausdauernd an der falschen Stelle, weil sie ja selbst riecht, dass da gerade etwas geruchstechnisch schwer in die Hose geht. Und zwar so lange, bis meine Schwester aus der Küche gelaufen kommt und höchstpersönlich den Haufen im Katzenklo zuschaufelt. Jedes Mal. Und Shira schaut zu.

Meine Schwester macht das *nicht* gerne. Nicht, dass das jetzt jemand falsch versteht. Aber sie hofft wohl immer noch, dass ihre Katze irgendwann von ihr lernt. Ich traue mich nicht, ihr die Wahrheit zu sagen.

Ich bin nämlich davon überzeugt, dass Shira genau weiß, wie

das eigentlich geht mit dem Zuschaufeln, sie aber so faul und verschlagen ist, dass sie nicht darauf verzichten will. Manchmal kommt es mir vor, als höre man danach so ein leises unterdrücktes Glucksen aus dem Katzenkorb. Aber das bilde ich mir sicher nur ein.

SIE aber, weil Sie das ja jetzt wissen, werden Ihrer Katze am ersten Tag beibringen, wie das funktioniert, mit dem Zuschaufeln. Ein, vielleicht zwei Mal am Anfang – und Sie haben ein Leben lang keinen Gestank in der Wohnung. Glauben Sie mir: Das ist die Mühe wert!

Freie Wege

Nicht dass Sie denken, dieses Buch sei übervoll mit unappetitlichen Erzählungen über Katzen. Keine Sorge, dies ist die letzte. Dennoch finde ich, dass ich die folgende kleine Anekdote, die man ruhig als Warnung verstehen sollte, auf keinen Fall unterschlagen darf.

Das schon häufig erwähnte Katzenklo steht bei mir im Badezimmer, da, wo es, wie wir ja gerade gelernt haben, bei allen Katzenbesitzern stehen sollte. Nun sollte man aber auch bedenken, dass dieser Raum permanent, immerimmerimmer und jederzeit für die Katze offen und frei zugänglich sein muss. Denn, wie es ein äußerst betrunkener Freund im Zustand momentaner geistiger Eingeschränktheit lallend so weise formulierte: »Sonst katzt dir die Kacke auf den Flur.«

Dies sprach er aber nicht etwa, bevor wir zum Kölner »Rosenmontagszoch« aufbrachen. Nein, erst nachdem wir Stunden später wieder bei mir zu Hause eintrafen und Minka völlig verstört – offensichtlich verzweifelt und der Panik nahe – an der verschlossenen Badezimmertür kratzte und maunzte. Erst da tat er diesen genialen Satz.

Ich muss nicht erwähnen, dass genau er es gewesen war, der die Tür kurz vor unserem Aufbruch zugemacht hatte, oder? Wir sind immer noch befreundet – man sollte es nach der folgenden, absolut wahren Geschichte kaum glauben.

Wir kommen also wieder zurück in meine Wohnung, Hans spricht seinen Satz – und ich schöpfe sofort Verdacht. Gut, meine Katze steht vor der Tür und muss offensichtlich sehr dringend. Man könnte jetzt denken, Gott sei Dank, sie muss noch, sie hat noch nicht. Aber wir waren immerhin über sechs Stunden weg.

Ich inspiziere erst die Küche, dann das Schlaf- und schließlich mein Wohnzimmer. Volltreffer! Mich trifft der Schlag.

Wer einmal erlebt hat, wie Katzenpisse riecht (Verzeihung, aber Begriffe wie *Pipi* oder andere feinere Ausdrücke passen nicht mal annähernd), der wird Windeln wechseln, Hundekacke aus den Schuhrillen pulen oder das Wegwischen von Erbrochenem des an Magen-Darm-Grippe erkrankten Partners als Luftkuraufenthalt auf Sylt empfinden! Dieser Geruch ist einfach mit nichts zu vergleichen. Sie kriegen ihn nicht wieder aus der Nase, selbst wenn Sie gerade gar nicht zu Hause sind. Sie können nachts nicht schlafen, weil Sie WISSEN, dass da noch ein kleiner Rest übrig geblieben sein muss. Es ist furchtbar!

Das Wohnzimmer ist verseucht, ein Hoch auf Hans. Jetzt neigt man in so einem Fall dazu, entweder sofort auszuziehen und einfach nichts mitzunehmen oder ein SWAT-Team aus Amerika einfliegen zu lassen. *Oder* das Spezialisten-Team aus ›ET‹, dem außerirdischen Heimwehkranken, zu informieren! Kennen Sie den Moment, als die vielen, vielen weißen Labormenschen auftauchen und das ganze Haus unter Plastikplanen steril einpacken und untersuchen? Ungefähr so stelle ich mir das vor!

Da mir nun aber für all das die finanziellen Mittel fehlen, suche ich erst mal alleine weiter. Hans ist im Flur eingeschlafen.

Zehn Sekunden später weiß ich, wo der Ursprung des *Giftgasangriffes* zu finden ist. Mein schöner, roter, nicht gerade alter Ledersessel musste als Ersatz für das unter Verschluss gehaltene Katzenklo herhalten. Klar, lag ja auf der Hand! Katzenklo. Ledersessel. Die Ähnlichkeit ist verblüffend.

Jedenfalls hatte sich Minka in ihrer Not ausgerechnet meinen tollen, superteuren Ledersessel ausgesucht. Damit es sich auch richtig lohnt und die Strafe für die Klobarrikade richtig sitzt.

Was konnte ich jetzt tun?

Der Einfachheit halber hier nun alle meine folgenden Versuche, den Geruch zu entfernen – in chronologischer Reihenfolge. Auf dass sich meine Fehler bei Ihnen, liebe Leserin, lieber Leser, um Gottes willen nicht wiederholen mögen.

1. **Warmes Wasser.**
   Großer Fehler. Niemals machen. Dadurch werden alle eingetrockneten und somit halbwegs eingeschlossenen Gerüche blumigst wieder freigesetzt, und Sie haben das Gefühl, Sie seien live dabei, wenn Ihre Katze gerade ihr Geschäft erledigt.
2. **Kaltes Wasser.**
   Nach dem warmen Wasser völlig sinnlos.
3. **Wasser und Seife.**
   Sie haben ein gutes Gefühl dabei. Und Hoffnung. Nachdem Sie alles trocken gerieben haben, ist der Geruch wieder da. Zusammen mit einer Spur Seifenduft.
4. **Wasser und Dr. Beckmanns Fleckenzeug.**
   Der leicht gelbliche Fleck ist danach weg, das rote Leder an der Stelle eher ein bisschen rosa und zum Urin-Seifen-Geruch gesellt sich ein dritter.
5. **Febreze.**
   Da können Sie auch mit bunten Tüchern versuchen den

Geruch wegzutanzen. Haben Sie schon mal mit 'nem Knallfrosch versucht die Alpen zu sprengen?
6. **Anschreien.**
Für Sie gut. Für den Geruch völlig ergebnislos.
7. **Alle Reinigungsmittel mischen und die verseuchte Stelle erbarmungslos bearbeiten.**
Das rosa Leder löst sich komplett auf. Der Geruch bleibt.
8. **Den Teil des Sessel-Innenlebens, in den das Grauen gelaufen ist, herausschneiden und mit zwei Sofakissen von Oma wieder auffüllen.**
Erfolgreich!

Bis Sie am nächsten Tag merken, dass der Geruch noch da ist, weil der Großteil des Urins natürlich durch den Sessel durchgelaufen und in den Teppich darunter gesickert ist. Und dort konnte er die ganze Nacht unbemerkt gären und auf Sie warten.

9. **Keine halben Sachen mehr. Teppichstück sofort rausschneiden.**
Pragmatische und entschlossene Handlung. Leider nutzlos, da das Zeug weiter in die Dielen darunter gelaufen ist.
10. **Dielen entfernen.**
11. **Beton darunter aufbrechen und rausstemmen.**
12. **Mitteldecke zum Nachbarn darunter weghämmern und alles wieder neu verputzen.**
Der Geruch bleibt. Sie geben auf.
13. **Ausziehen.**
Das hilft.

Hatte ich nicht ganz zu Beginn erwähnt, dass Sie den Geruch nicht mehr aus der Nase kriegen? Daran erinnerte ich mich in dem Moment, als ich mich in der Wohnung meiner Eltern auf die Couch setzte und erleichtert tief Luft holte.

14. Finger waschen!*

Fehler Nummer zwei: Alles niedlich finden!

Das ist jetzt verdammt hart zu beachten, besonders für weibliche Neukatzenbesitzer, aber leider eben auch sehr wichtig.

Vorab: Ich WEISS, wie unglaublich niedlich kleine Katzen sind und wie UNFASSBAR herzzerreißend es am Anfang ist, wenn sie so ganz niedlich und tapsig und unbeholfen an allem hochkrabbeln und sich mit ihren winzigen kleinen Krällchen am Sofa hochziehen ... Vielleicht ahnen Sie, wo das endet ...? Genau!

Gut, wenn Sie eh ein altes IKEA-Sofa haben und nur nach einem Grund suchen, sich endlich ein neues zu kaufen: bitte schön.

Bedenken Sie aber, dass Ihre Katze nicht einsehen wird, warum sie ihre niedlichen, winzig kleinen Krallen nicht auch in das teure neue Wildledersofa hauen soll. Sie wird es NICHT verstehen. Auch nicht, wenn aus den winzig kleinen Krallen echte Mordinstrumente geworden sind.

Und sie wird *auch* nicht verstehen, warum sie plötzlich NICHT mehr mitten in der Nacht auf Ihr Bett springen und sich wie ein Schal auf Ihren Hals legen soll! Wenn sie das als kleines Kätzchen durfte, als sie ungefähr 100 Gramm gewogen hat, warum dann nicht auch ein Jahr später, mit 5000 Gramm?! Und Sie wachen, wenn Sie einen tiefen Schlaf haben, morgens auf und sind tot, von Ihrer Katze erstickt. Aus Liebe zu Ihnen.

* *Wussten Sie eigentlich, ...*
dass das Katzenklo nicht mit chemischen Mitteln gereinigt werden sollte? Das kann Ihre Katze nämlich irritieren, und sie erledigt ihr Geschäft woanders.

Die Verteilung der Fellhaare ist auch nicht zu unterschätzen. Wenn Sie zum Beispiel gerade dabei sind, mit Ihrer Liebsten oder Ihrem Liebsten ein romantisches oder auch wildes zwischenmenschliches Amüsement zu zelebrieren, also wenn Sie Beischlaf ausüben und sich dann sagen hören: »Pf … pf … pf … warte mal, Pfapf, iff habe da etwapf im Mund. Far etpfa die Katpfe fieder im Pfett?«, dann ist das nicht erstrebenswert. Sie finden die Haare morgens auch an anderen Stellen. Das ist dann *richtig* unangenehm.

Alles in allem überlegen Sie sich also von Anfang an, was Sie auch dann noch niedlich finden, wenn die Katze groß und schwer und nicht mehr diskussionsbereit ist.

Ich betone das nochmal: Es will einem das Herz brechen, wenn man am Anfang die kleine, süße, schnurrende Katze immer und immer wieder vom Hals runternehmen und aus dem Bett hieven muss – aber jetzt und NUR JETZT können Sie Ihrer Katze überhaupt etwas beibringen. Danach: NIE MEHR!

Sie glauben es mir immer noch nicht. Einige von Ihnen grinsen nur und haben vor, genau diesen Fehler trotzdem zu machen.
»Lass den Schmitz nur reden, der schreibt das nur so, weil es sich lustig liest, das ist nicht ernst gemeint…«
DOCH! Ist es WOHL!!!

Hier ein Beispiel dafür, was passiert, wenn Sie die Katze doch ins Schlafzimmer lassen. Und danach sprechen wir uns nochmal.

Die Spannerkatze

Jeder, der eine Katze hat, kennt dieses Gefühl, beobachtet zu werden. Vor allem in ganz bestimmten Situationen. Und man kriegt das meist zuerst gar nicht mit.

Ich lag mit meiner Auserwählten, Uschi *(ich kann auch nichts für ihren Namen)*, in den Federn. Wir hatten es wahnsinnig eilig, weil unsere Leidenschaft unserem Verstand längst die Führung abgenommen hatte. Wir haben geknutscht wie die Irren, rap zap waren wir nackt, die erotische Spannung knisterte sich schnell hoch bis ins herrlich Unerträgliche und dann – hatte ich plötzlich so ein Ziehen im Nacken.

Wir werden alle älter, dachte ich. Egal. Weitermachen.

Wo waren wir stehengeblieben? Ach ja, wir küssten uns wund, die Wollust ergriff wieder vollends Besitz von unseren Körpern und dann – wieder dieses Ziehen im Nacken.

Verdammt nochmal. Was ist denn das?

Es war kein körperliches Gebrechen. Ich schaute nämlich in einem günstigen, unbeobachteten Moment hoch, nur so aus einer Intuition heraus. Und was war's?

Minka saß neben dem Bett und guckte zu. Direkt. Ohne auch nur im Ansatz peinlich berührt zu sein. Sie schaute mir sogar direkt in die Augen: »Macht's Spaß? Was auch immer ihr da tut?«

Ich verscheuchte die Stasikatze und fing von vorne an. Meine Katze hatte mir beim Sex zugesehen. In dieser Situation fängt Mann wirklich von vorne an. Jeder!

Also wieder die Knutscherei, den Motor wieder anschmeißen, ging aber zum Glück sehr viel schneller als befürchtet, und da war sie schon wieder: die Leidenschaft, die Wollust!

Unser Verlangen übernahm wieder das Ruder, wir hauchten uns Süßlichkeiten ins Ohr, und jetzt, ja jetzt, endlich … saß die Katze auf der anderen Seite des Bettes. Und guckte.

»Sch, sch, sch …«

Ich habe versucht, die Spannerkatze zu verscheuchen. Mit dem Ergebnis, dass Minka das nicht im Geringsten interessierte, aber Uschi fragte, was das Gezische soll.

»Sch, sch, sch, äh … ich bin deine kleine Liebeslokomotive …«

Mit französischem Akzent kam's ganz gut, und sie hat's mir geglaubt. Minka war dann doch endlich verschwunden, und ich hörte sie in der Küche extra laut Brekkies zerbeißen.

Also, WIEDER von vorne angefangen. Knutschen, Wollust, Leidenschaft *(wir wollen ja auch mal fertig werden – mit dem Lesen, meine ich)* steigerten sich ins Unermessliche. Aber wir fanden wirklich wieder zurück zu uns. Es wurde heiß, richtig heiß und dann … ein kurzer verzweifelter Blick: Gott sei Dank, keine Katze links und rechts! Da flüsterte Uschi in mein Ohr: »Hey, du bist echt ein toller Typ. Du kannst gleichzeitig knutschen und mir an den Zehen knabbern.«

NEEEIIIN. Alle Zurückhaltung war dahin. Ich brüllte jetzt, dass sie sofort abhauen solle, also *sie*, nicht sie, und dass ich Minka rausbringen wolle.
 »Ooooh. Du hast 'ne Katze?«
 »Ja, ich habe 'ne Katze. Warum? Warum … bleib doch liegen … du musst doch nicht aufstehen … Wo willst du denn hin?«

Und dann haben wir die ganze Nacht mit der Katze gespielt. Statt Uschi kraulen Muschi streicheln. War ein Riesenabend.

Zuwendungsfressen

Und zur weiteren Abschreckung hier noch die Geschichte der Katze eines Freundes, die ich selbst so beobachten und verfolgen konnte. Alle vormals beschriebenen Erzählungen sind nichts gegen die Geschichte von *Bingo*, dem paranoiden Kater. Vielleicht liegt es auch am Namen, der arme Kerl.

Bingo frisst nur, wenn er gestreichelt wird.*

Es lässt sich nicht mehr nachverfolgen, wann genau es angefangen hat. Klar ist nur, dass irgendjemand aus der Familie das verbockt hat – alle verdächtigen Opa – und dass dieser Kater eher verhungert, bevor er auf seine exzentrische Art der Zuwendung verzichtet. Und das ist gleichzeitig eine ernst gemeinte Warnung an Sie, lieber Katzenbesitzer in spe, dass Sie es gerade am Anfang mit Ihrer Zuneigung nicht übertreiben dürfen.

Wenn Bingo Hunger hat, stellt er sich entweder in der Küche vor seinen randvollen Napf und wartet, bis einer hereinkommt, oder aber, wenn es zu lange dauert, steht er stumm vor Frauchen und glotzt. Und glotzt. Und glotzt!!! Bingo kann einen weich glotzen.

Steht sie dann auf und erbarmt sich, rennt er mit hochgestell-

  * *Wussten Sie eigentlich, ...*
dass Sie eine Katze niemals gegen den Strich streicheln sollten?
Warum? Versuchen Sie's mal!

tem Schwanz vor und wartet in der Küche. Er fängt exakt in dem Moment an zu fressen, in dem ein Mitglied der Familie – andere kommen erst gar nicht in Frage – seinen Rücken streichelt. Dabei setzt er sich gemütlich hin, schnurrt und frisst genau in dem Tempo, in dem er gestreichelt wird, bis der Napf leer ist. Hört man zwischendurch auf, hört er auch auf, sowohl mit Fressen als auch mit Schnurren, verharrt kurz mit dem Kopf über dem Futter, guckt einen dann vorwurfsvoll an nach dem Motto »Was denn? Weitermachen! Ich hab' Hunger«, und wenn man ihn dann wieder streichelt, frisst und schnurrt auch er weiter.

Ich habe das selber ausprobiert, in unterschiedlichsten Intervallen (ich darf das nur, weil wir uns schon Jahre kennen), und habe gemerkt, dass Bingo auf die Sekunde exakt reagiert. Ich kam mir vor wie beim Katzen-Scratchen. Yeah, drei Sekunden ... Pau-se ... drei Sekunden ... Pau-se ... zehn ... und zehn ... und zwei Sekunden ... Pau-seeeee ... ...

Natürlich hat mein Freund versucht, so lange zu warten, bis der Hunger den Kater dazu zwingt, auch alleine etwas zu essen. Alle waren guter Dinge. Tja, Bingo hat aber in kürzester Zeit zwei Kilo abgenommen, also die Hälfte seines Körpergewichts, nachts miaut er wie ein abgestochenes Schwein – also, Schweine können ja nicht miauen ... Sie wissen schon, wie ich das meine –, und von seinem vorwurfsvollen Blick will ich gar nicht erst reden. Diesem Blick, den alle Katzen draufhaben.

Familie Rettig hat es schwer. Mama, Papa, beide Töchter und der Opa teilen sich mittlerweile den Katzenstreicheldienst ein. Es hängt ein kleiner Plan mit Katzenaufklebern am Kühlschrank, wer morgens, mittags und abends dran ist. Es gibt sogar einen Notdienstplan für die Nacht, damit es keinen Streit mehr gibt.

Bingos Familie kann nicht mehr in Urlaub fahren. Nachbarn werden nicht akzeptiert, und mitnehmen kann man ihn nicht. Da ist er eigen.

Als der Kater mal krank war, musste er jede Stunde eine Tablette, versteckt in seinem Futter, fressen. Nun frisst Bingo aber eben nur, wenn er ... Sie wissen schon. Dann aber Gott sei Dank auch alles und völlig wahllos. Jetzt bekam er aber vom ständigen Rubbeln am Rücken schon Ekzeme – gut, vielleicht war die Familie ein wenig genervt und hat manchmal ein bisschen zu doll gestreichelt, wir wollen es ihnen nachsehen – und musste jetzt plötzlich auch Tabletten gegen die *entzündlichen Hautveränderungen* schlucken. Natürlich wieder versteckt in seinem Futter. Genau. Es ist ein Teufelskreis.

Wie schon erwähnt frisst Bingo genau so schnell, wie man ihn streichelt. Die Kinder streiten sich, wer das schneller kann. Bingo hat schon mal in achteinhalb Sekunden seinen Napf leer gefressen. Rekord. Pauline hat gewonnen. Und Bingo gekotzt. Die komplette Portion kam in einem Stück wieder raus. Praktisch. Danach hat Lucy gewonnen.

Bingo hatte einmal einen kleinen Vogel gefangen, saß vor dem toten Tier und wartete verzweifelt, dass jemand kam, damit er endlich seine Beute fressen konnte. Es kam keiner, das ging nun wirklich zu weit. Er saß die ganze Nacht vor dem Vogel. Der ist schließlich verwest und der Kater halb wahnsinnig geworden.*

* Wussten Sie eigentlich, ...
dass Studien belegen, dass die Vogelbestände durch das Jagdverhalten der Katzen überhaupt nicht gefährdet sind?

Wie Sie sehen, liebe Leserin, lieber Leser, hat diese Geschichte kein Happy End. So kann es auch Ihnen ergehen, wenn Sie am Anfang einen Fehler machen. Einmal nicht aufgepasst ... Zack. Ist es passiert.

Bingo!*

Fehler Nummer drei: Die Sache mit den Katzen und dem Kratzen

Katzen wetzen ihre Krallen. Das *müssen* sie tun, weil sie nicht wissen, wie man eine Nagelfeile benutzt. Kratzen ist also eine Notwendigkeit für Katzen. WORAN Ihre Katze ihre Krallen wetzt, ist allerdings reine Erziehungssache. Wenn Sie die vernachlässigen, ist es reine Glückssache.

In jedem Fall ist es so, dass man einer Katze schon vor ihrer Ankunft in die Wohnung eine kleine Kratzvorrichtung aus dem Baumarkt gekauft haben sollte. Schon als ganz kleines Kätzchen wetzt sie dann daran ihre Pfötchen mit den Krällchen und hat sofort verstanden, dass sie da und NUR DA ab sofort ihre Krallen schärfen darf. Dann gibt es ganz sicher nie wieder Probleme.

Mhm, genau. Und die Größe ist Frauen nicht wichtig, und die Erde ist eine Scheibe...

* *Wussten Sie eigentlich, ...*
dass es einen beruhigenden, blutdrucksenkenden Effekt auf uns Menschen hat, wenn wir eine Katze streicheln?

Die Katzenkratzbaumlandschaft

Ich HATTE meiner Katze so einen Kratzwürfel aus dem Baumarkt gekauft und anfangs, ja anfangs ... hat sie ihn bis heute nur zum Daraufschlafen benutzt.

Minka fand es nämlich viel besser, ihre Krallen auf dem Teppich zwischen Couch und Tisch zu schärfen. Das fand *ich* nicht so super, aber ehrlich gesagt auch nicht sonderlich schlimm, so teuer war das Ding nicht gewesen. Schon damals hat mich die kleine Diva immer so komisch angesehen, wenn sie ihre Krallen in den Teppich gehauen hat. So nach dem Motto »Ich weiß, dass ich das eigentlich nicht darf, aber wenn du nichts sagst, mach ich mal weiter ...«. Da fand ich das noch niedlich.

Etwa vier Monate später – ich hatte inzwischen gedacht, dass unser Deal mit dem Teppich von beiden Seiten abgenickt worden ist – hatte meine Katze eine neue Idee.

Sie wetzte nun ihre Krallen an einem antiken Weichholzstuhl von Anno Pief, den ich von meiner Oma geerbt hatte. Gott sei Dank war ich zu diesem Zeitpunkt in der Wohnung und habe ihr sofort mit lautem Gebrüll und einer kalten Dusche aus meiner Wassersprayflasche erklärt, dass ich das NICHT will. Und das hat sie sofort verstanden.

An dieser Stelle möchte ich das mit der Wassersprayflasche kurz erklären. Dies ist die einzige Restriktionsmaßnahme, die einem verzweifelten Frauchen oder Herrchen bleibt. Schlagen oder Ähnliches kommt natürlich niemals in Frage. Anspucken oder gemeine Fingergesten bringen nichts. Was bleibt denn da?

Katzen sind sehr wasserscheu! Und fein auf der Katze verteilt ist Wasser überhaupt nicht schädlich. Nur unangenehm. Und wenn sie etwas macht, was sie nicht soll, dann besprühen Sie Ihre Katze an Ort und Stelle, gepaart mit einem lauten »NEIN!«. Eine normal intelligente Katze braucht etwa zwei Duschen, bis sie kapiert.

Meine brauchte fünfzehn. Aber jetzt macht sie es nicht mehr. Jedenfalls nicht, wenn ich zu Hause bin. Allerdings habe ich manchmal das Gefühl, wenn ich nach Hause komme und Minka unvergleichlich unschuldig dreinschauend auf ihrem Kratzwürfel liegt, dass der Weichholzstuhl von Oma mittlerweile auf immer dünneren Beinen steht.

Nachdem ich meinen Stuhl aber damals vor den Krallen meiner Katze gerettet hatte, war der Teppich wieder an der Reihe, und alles war gut. Dachte ich.

Bis ich von einem Auftritt spät nach Hause kam und sah, dass meine Katze tagsüber eine neue Idee gehabt hatte. Die hieß »Raufasertapete abkratzen«. Hatte sie sich heimlich mit Tanjas Katze getroffen?

Das musste sofort unterbunden werden. Und weil ich dachte, ich wäre ein bisschen mitschuldig an der Misere, hab ich das gemacht, was jeder vielbeschäftigte Papa machen würde: einen Kredit aufgenommen und ganz viel Geld ausgegeben für meinen kleinen Liebling. Ich bin in ein Tierfachgeschäft und habe für eine dreistellige Summe eine Katzenkratzbaumlandschaft gekauft. Zweieinhalb Meter hoch und vier Meter im Durchmesser. Drei hohe Kratzbäume, alle verbunden durch kleine Kratzbrücken, mit eingearbeiteten Katzenkratzhöhlen, flauschig ausgelegt und mit Platz für mindestens zehn Katzen, zwei Hängematten, einer dicken Kordel zum Hochklettern und einer Katzenspielangel mit einer wippenden Spielzeugmaus dran. IKEA-Möbel nerven Sie? Kaufen Sie eine Katzenkratzbaumlandschaft! Sie werden Ihre Imbusschlüssel knutschen!

Nach nur zwei Wochen Urlaub war dann auch schon alles aufgebaut. Nun hatte Minka ihre Katzenkratzbaumlandschaft und ich kein Arbeitszimmer mehr. Aber egal, wenn dafür nur meine Tapeten heil blieben. Minka fand das auch wirklich sehr nett von mir, dass ich mich für sie so in Unkosten gestürzt hatte, und ich habe sie auch ganze zwei Mal mit der wippenden Maus spielen sehen! Ansonsten ließ sie sich durch das Monstrum in meinem Ex-Arbeitszimmer nicht weiter beeindrucken.*

Ich weiß nicht, warum Katzenkratzbaumlandschaften NIE wirklich benutzt werden und sie trotzdem verkauft werden – ALLE Katzenbesitzer haben mir bei dieser Geschichte danach bitter lächelnd und wissend auf die Schulter geklopft –. Ich weiß nur, dass ich ein paar Wochen später eine Handwerkermannschaft im Haus hatte, die alle zerfetzten Tapeten abgerissen, die bis auf den Stahlbeton durchgekratzten Wände neu verputzt und sie im Anschluss mit einer spezialversiegelnden Farbe neu gestrichen hat. Diese Aktion kostete mich einen vierstelligen Betrag und einen zweiten Kredit. Aber Minka hat seitdem nie mehr an irgendeiner Wand gekratzt.

Sie hat den Weichholzstuhl bekommen.**

* *Wussten Sie eigentlich, ...*
  dass beim Wetzen der Krallen alte Hornschichten abgetragen werden? Geben Sie Ihrer Katze – zum Beispiel an einem Kratzbaum – immer eine Möglichkeit, dieser »Maniküre« nachzugehen.
** *Wussten Sie eigentlich, ...*
  dass per Gerichtsurteil klargestellt wurde, dass Katzen überhaupt keine Schäden am Autolack anrichten können?

KATZE ANTE PORTAS

Nach einer gewissen Zeit haben Sie und Ihre Katze sich dann hoffentlich halbwegs aneinander gewöhnt. Verfallen Sie bloß nicht dem Irrglauben, dass Sie jetzt schon dicke Freunde sind. Das dauert. Und bloß weil Sie die Katze gekauft haben, sind Sie nicht automatisch der Boss. Glauben Sie mir, Ihre Katze hat ihre ganz eigenen Vorstellungen eines Zusammenlebens, und wenn *sie* die Wahl gehabt hätte, dann hätte sie Sie vielleicht auch genommen. Vielleicht! Und mit dieser Haltung sollten Sie auch an das künftige Zusammenleben herangehen.

Es ist zumindest sehr wahrscheinlich, dass Ihre Katze sich gut mit Ihnen versteht, wenn Sie keine schlimmen Fehler bei der Eingewöhnung gemacht haben. Sie wissen schon: zu viel oder zu wenig Aufmerksamkeit, die Badezimmertüre immer offen lassen, ihr täglich etwas zum Essen und Trinken hinstellen und das Katzenklo regelmäßig säubern.

Der Beziehungsstand, den Sie jetzt mit Ihrer Katze haben, ist übrigens prima vergleichbar mit einer Partnerschaft bei Menschen nach den ersten drei Monaten. Man kennt sich, man hat die ersten Macken registriert, findet sie aber noch niedlich und ist ansonsten voller Hoffnung.

HOFFEN Sie, dass Ihre neue »Partnerin« oder Ihr neuer »Partner« Ihren Freundeskreis mag. Denn genauso wie bei uns Menschen ist das leider nicht immer der Fall.

Wenn Sie zum ersten Mal Besuch in Ihrer Wohnung erwarten, die Sie ja jetzt mit Ihrer Katze teilen, dann stellen Sie sich auf einige neue Verhaltensweisen Ihrer Katze ein. Bei Minka war das nicht so kompliziert, da sie von Anfang an mit meiner komplett durchgeknallten Familie konfrontiert wurde, also mit wuselndem, lautstarkem Chaos in der Bude. Ich meine das jetzt sehr positiv, Mama.

Wenn Ihre Katze aber am Anfang nur SIE kennt und somit davon ausgeht, dass die Wohnung höchstens mit IHNEN geteilt werden muss, dann wird sie jeden Gast jetzt erst mal als Eindringling betrachten. Und Eindringlinge können bekanntermaßen unter Berufung auf das Hausrecht vor die Tür gesetzt werden.

Klingelkätzchen

Als ich meine Schwester beziehungsweise ihre neue Katze Shira zum ersten Mal besuchen wollte, sah das folgendermaßen aus.

Ich bekam schon vorher per SMS mitgeteilt, dass ich bitte nicht klingeln, sondern anklopfen sollte. Das fand ich zunächst nicht sonderlich ungewöhnlich, meine Schwester hatte öfter Probleme mit der Elektrik im Haus.

Als ich dann vor der Tür stand und die SMS natürlich schon wieder völlig vergessen hatte, funktionierte die Klingel tadellos. Genauso tadellos wie der wütende Anschiss, den ich, kaum in der Wohnung, von meiner Schwester bekam.

»Wie doof kann man denn eigentlich sein?! Wofür schick ich dir denn extra eine SMS, du Pappnase?!«

Meine Schwester und ich pflegen einen sehr lockeren Umgangston. Grund für den ganzen Stress war selbstverständlich die neue Katze. Seit zwei Wochen war sie jetzt da und hatte die seltsame Angewohnheit, bei jedem Türklingeln komplett durchzudrehen und sich zitternd und brüllend in die hinterste Ecke unter dem Sofa zu verkriechen. Da fanden wir sie dann auch. Also, eigentlich fand meine Schwester sie, ICH durfte mich nämlich ab sofort nicht mehr rühren, und das war KEIN höflicher Vorschlag zum Mal-drüber-Nachdenken.

Zwei Stunden lang durfte ich mich nicht bewegen, GAR NICHT – *das* sind Schmerzen! Dann erst hatte sich das komplizierte Katzentier dazu bequemt, mit viel Leckerlis und gutem Zureden ihr Versteck zu verlassen und sich auf dem Arm meiner Schwester gaaaanz langsam und vorsichtig bis zu mir in den Flur tragen zu lassen.

Unser erster Blickkontakt lässt sich so beschreiben:

Ich dachte: »Och, wie süß! Ganz klein und so ein schöner weißer Bauch...!«

Sie dachte: »Das ist der Scheißkerl, der geklingelt hat!«

Ich bin mir sehr sicher, dass sie genau das dachte, denn ich durfte sie weder streicheln noch genauer ansehen. Bei der allerkleinsten Annäherung meinerseits fauchte sie mich an, wand sich auf den Armen meiner Schwester, hüpfte dann in einem selbstmörderischen Seitendrehsprung auf den Boden und wetzte wie irre in die Küche. Das fand ich eher unfreundlich.

Statt sich jetzt aber bei mir für das unsoziale Verhalten ihrer Katze zu entschuldigen, imitierte meine Schwester das Fauchen perfekt.

»Siehste! Nächstes Mal schicke ich ein Fax!«

In diesem Moment wurde mir klar, dass nicht nur meine Schwester ein neues Haustier, sondern vor allem ich eine zweite Schwester bekommen hatte. Das Verhalten der beiden war exakt dasselbe! Beide waren beleidigt wegen NICHTS, motzten rum und guckten mich mit dem Arsch nicht mehr an. Großartig!

Nachdem ich anschließend noch mehrmals bei meiner Schwester gewesen war und NIE WIEDER vergessen hatte, nicht zu klingeln, wurde es dann ein wenig besser. Der Teil mit dem Nicht-Klingeln wurde vor allem darum besser, weil meine Schwester den Strom zur Türschelle abgeknipst und einen »Bitte-klopfen«-Zettel an die Haustür geheftet hatte. Der hängt da heute noch. Obwohl die Katze inzwischen selbst bei laufendem Staubsauger und voll aufgedrehter Stereoanlage weiterpennt wie ein schwerhöriger Hundertjähriger auf Valium. Und ich klingel trotzdem nicht mehr!

»Bitte keine Fotos!«

Jeder Dosenöffner hat ja unendlich viele niedliche, schnuckelige, herzzerreißende Katzenfotos von seinem Liebling im Schrank. Ist ja auch kein Problem.

»Katzen liegen überall rum.« Sie erinnern sich an das Kapitel? Eben.

Und trotz unserer Anfangsschwierigkeiten wollte ich natürlich auch Fotos von der schwierigen Shira in mein Buch nehmen. So wie ich das bei allen anderen Katzen auch gemacht habe. Aus diesem Grund bin ich zu meiner Schwester gefahren, um ein paar Fotos zu schießen. Sie, liebe Leserin, lieber Leser, sollen ja schließlich wissen, wie die Katze überhaupt aussieht, über die ich hier schreibe …

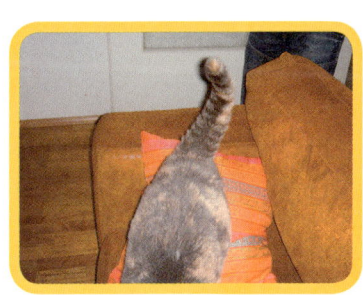

Shira auf der Couch

Tja, Pech. Klingeln fand unsere scheue Diva Shiva ja schon scheiße. Aber fotografiert zu werden? »Also, BITTE!« Und da Katzen *nie* das machen, was sie *sollen*, war dieser Torpedo immer *so* schnell weg, wie *keiner* den Auslöser drücken konnte. Paparazzi würden an ihr total verzweifeln – wie meine Schwester – und ihren Beruf an den Nagel hängen.

Hier sind die Fotos, die ich von Shira machen konnte. Andere gibt es nicht!!!

Shira im Wohnzimmer beim Spielen mit einer Papierkugel. Die man *auch* nicht sieht

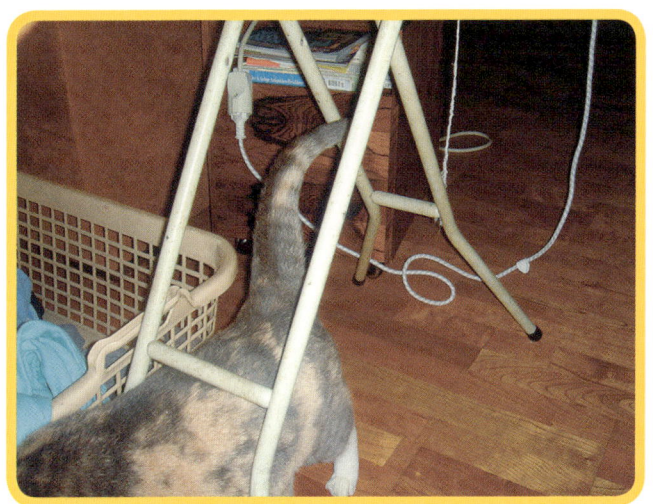

Shira mit der Papierkugel unter dem Bügelbrett …

Shira mit der doofen Papierkugel unter dem Tisch.
Jetzt komm doch mal her …

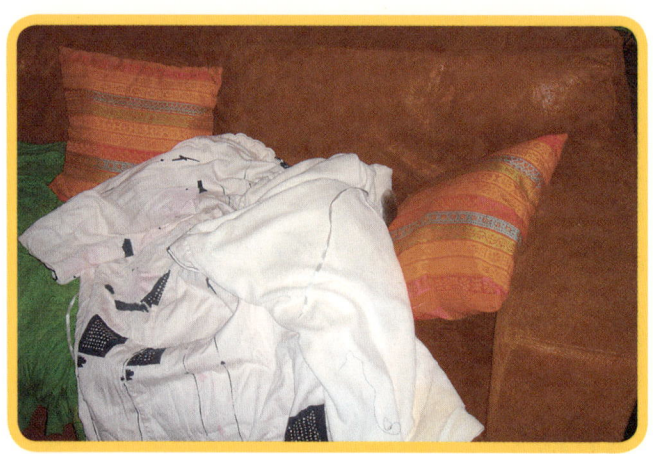

Dann …
Couch, erster Versuch: Shira unter dem Bademantel meiner Schwester …
(Kleines Suchbild)

Couch, zweiter Versuch: Shira nicht mehr unter dem Bademantel meiner Schwester …

Couch, dritter Versuch: Shira gerade noch auf der Armlehne der Couch …

Couch, vierter Versuch: Leck mich doch am Arsch!

Couch, letzter Versuch (Jetzt reicht's): Shira vom 10-m-Brett!

Shira leider schon auf dem Weg nach draußen …

Shira gerade noch auf der Terrasse …

Shira schon wieder auf dem Weg nach drinnen!!*
Die lila Gummiklottschen mit den weißen Pelzsöckchen und dem Tüllröckchen von Greta Garbo gehören im Übrigen <u>*NICHT*</u> zu meiner Schwester!

 * *Wussten Sie eigentlich, …*

dass nur unsere domestizierten Hauskatzen ihren Schwanz hoch in die Luft strecken? Ihre Verwandten, die Wildkatzen, teilen diese Angewohnheit nicht.

Shira beim … nach dem Fressen.

Shira im Flu… auf dem Weg ins Wohnzimmer …

Shira fast noch auf dem Tisch …

Dann der geniale Versuch, sie gleich beim Verlassen ihres Katzenklos zu erwischen … ha ha …

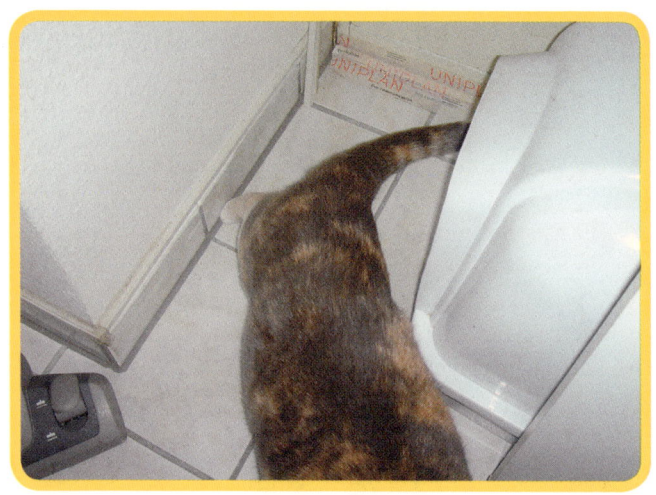

Mist.
Unmittelbar nach dem Foto ist übrigens die Linse des Fotoapparats explodiert, aufgrund des unglaublichen Gestanks.

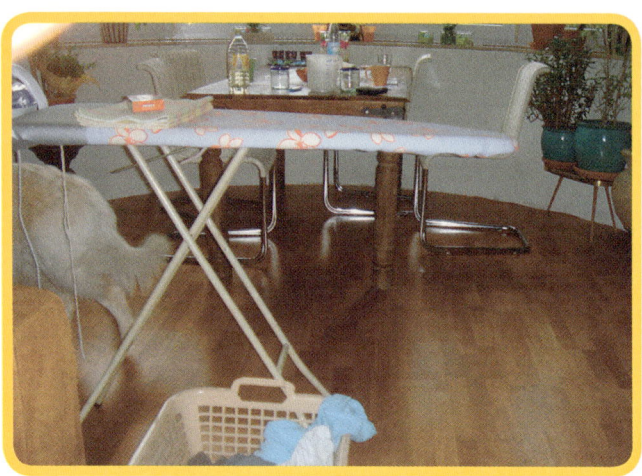

Shira hinter … Ach nee, ist der Hund.
Der ist aber genauso bescheuert.

Tja, liebe Leserin, lieber Leser, es war nichts zu machen. Und meine Schwester hat nun mal auch kein Foto mit einer kompletten Katze, also ihrer Shira *mit* Kopf. Sehr, sehr schade.

Sie hat nämlich ein unglaublich süßes Gesicht. Die Katze.

Falls Sie aber unbedingt wissen wollen, wie die Katze aussieht, müssen Sie eben selber zu meiner Schwester fahren. Die weiß zwar noch nichts davon, aber ich habe die Adresse hinten im Buch notiert. Fahren Sie einfach vorbei und sagen Sie, Sie kämen von mir, dann geht das schon in Ordnung. Aber Achtung:

NICHT KLINGELN!

Die Neue

Einmal abgesehen von dem normal-seltsamen Verhalten einer jeden jungen Katze, die zum ersten Mal wildfremdem Besuch ausgesetzt ist, gibt es auch spezielle Kandidaten, deren Verhaltensmuster sich oft erst nach Jahren herauskristallisieren.

Zum Beispiel, wenn Ihre Katze an Ihre Lebensabschnittsgefährtin gewöhnt ist und die dann aber einen neuen Lebensabschnitt beginnt. Also, ohne Sie.

Dann ist die Wohnung erst mal wieder ein bisschen leerer, was der Katze im Normalfall nichts ausmacht. Im Gegenteil, jetzt hat sie mehr Platz für sich selbst!

Aber dann kommt irgendwann, wenn Sie sich nicht allzu dämlich anstellen, ja eine potenzielle neue Lebensabschnittsgefährtin in Ihre Wohnung. Und sei es am Anfang auch erst nur auf einen Kaffee oder ein Glas Wein.

Und ab da heißt es: VORSICHT!

Denn wenn Sie jetzt einfach davon ausgehen, dass Ihre Katze das so sieht wie Sie selbst, nämlich: »Frau ist Frau ...«, falsch! Eine Katze wird sehr wohl den Unterschied zwischen der alten

Freundin und der neuen bemerken. Und sie wird da auch ungleich wählerischer sein!

Ihrer Katze ist es nämlich ziemlich egal, ob die neue Freundin tolle lange Beine und einen Apfelarsch hat. Auch amüsantes Geplapper oder vier Radschläge hintereinander beeindrucken eine Katze eher selten. Und selbst mit Bestechungsversuchen wie Katzenmilch oder Unmengen an Katzenmäusen wird sich die Neue nicht sofort bei ihr einschleimen können, denn Ihre Katze ist kein Hund und somit nicht doof!

Trotzdem müssen Sie vor dem ersten Aufeinandertreffen von Frau und Katze im Normalfall keine Panikattacken bekommen. Höchstens von Seiten der Frau, wenn sie hochgradig allergisch auf Katzen reagiert, aber dann sollten Sie das Ganze eh schnell vergessen.

Nein, wenn Ihre neue oder angehende-hoffentlich-vielleicht-Freundin zum ersten Mal bei Ihnen aufschlägt, dann wird sich Ihre Katze fast immer zunächst im Hintergrund halten. Die erste Viertelstunde des peinlichen Smalltalks gönnt sie Ihnen gerne. Sie hat Zeit und tut ganz desinteressiert. Allerdings, wenn Katzen den Eindruck machen, dass sie nicht interessiert sind…, trauen Sie dem Braten nicht.

Wenn Sie in diesen ersten Minuten allerdings schon gemerkt haben, dass die wunderschöne Frau auf Ihrer Couch innerhalb weniger Minuten bereits ihren gesamten Hirninhalt vor Ihnen ausgeplaudert und doof grinsend das Schweigegelübde abgelegt hat, werden Sie sowieso froh sein, wenn Ihre Katze just in diesem Moment zu Ihnen auf die Couch springt.

Wenn *nicht*, wenn Sie also eine Knallerfrau bei sich zu Hause haben und Ihre Katze genau in *dem* Moment auf die Couch springt und sich besitzergreifend in Ihren Schoß legt, in dem Sie gerade zur Attacke blasen wollten, haben Sie jetzt ein Problem. Und versuchen Sie AUF KEINEN FALL die Katze zu bewegen! Auch die angehende-hoffentlich-vielleicht-Freundin sollte das tunlichst unterlassen. DIE schon gar nicht. Es sei denn, Sie beide bräuchten Ihre Arme nicht mehr und wären gut versichert.

Denn: Ihre Katze war ZUERST da und wird ihre Vormachtstellung *immer* und *jedem* gegenüber deutlich zeigen! Dabei macht sie keinerlei Unterschied zwischen dem besten Kumpel, Ihrer Mutter, IHNEN oder einer neuen Freundin.

Und auch wenn Ihre Katze seit Tagen nicht im mindesten an Ihnen interessiert war: Sobald ein potenzieller neuer Partner Ihre Wohnung betritt – und der kleine Wolf im Katzenpelz weiß sofort, um wen es sich da handelt –, wird sich das schlagartig ändern. Und sie wird Ihre Wahl kritisch prüfen. Herzlich willkommen bei »Katze sucht den Superpartner«. Dieter Bohlen ist dagegen Florian Silbereisen.

Haarbüschel

Das Thema »Haarbüschel« hat es schon vor Jahren geschafft, in meinem Bühnen-Programm eine wichtige Rolle zu spielen. Das kam natürlich nicht von ungefähr. Es hat mich persönlich sehr beschäftigt, seit Minka vor Dekaden in mein Leben trat. Und offensichtlich nicht nur mich, denn immer, wenn ich diese Geschichte auf der Bühne erzähle, kann ich im Publikum die Katzenbesitzer an ihrem Lachen erkennen.

Das hört man raus, ganz im Ernst! Es ist nicht dasselbe amüsiert schadenfrohe Lachen der Nicht-Katzenbesitzer. Nein. Beim Thema »Haarbüschel«, da lachen die Katzenbesitzer mit einem verzweifelten Unterton. Mit einem Anflug von angeekeltem Verständnis, das nur echte Katzenbesitzer haben können. Doch ich greife vor…

Immer wenn ich es geschafft hatte, eine junge, hübsche Dame zu mir nach Hause einzuladen – und das war wirklich nicht sehr oft – und ich mich schon sehnsüchtigst auf ihren Besuch freute, mischte sich auch immer eine kleine, aber feine Angst, ja bisweilen aber auch fast Panik mit in meine Gefühlswallungen. Und das liegt nicht nur an der bereits beschriebenen Ranglisten-Demonstration meiner Katze oder der Prüfung auf Herz und Nieren, sondern vor allem an Folgendem:

Kurz bevor die Angebetete erscheinen soll, habe ich immer ein bisschen Schiss, dass Minka uns dazwischenkommt. Nein, nicht dass sie aufs Bett springt, daneben sitzt, zuguckt, maunzend oder kratzend. Nein, nein. Das meine ich nicht.

Kennen Sie das Geräusch, das Katzen machen, wenn sie diese Haarbüschel hochwürgen? Nein? Nun das kann man in Buch-, also Schriftform, nur sehr schwierig wiedergeben. Ich habe mir die ganze Zeit das Hirn zermartert, wie man das aufs Papier bringen könnte. Vielleicht mit »Hm, hm, hm« oder »Hng, hng, hng« oder auch »Mmmm, mmmm, mmmm«. Aber all das kann dieses absolut unverwechselbare Geräusch nicht mal ansatzweise wiedergeben. Und genau aus diesem Grund habe ich mir auch gedacht ... Ich lass es einfach. Ich hatte eine viel bessere Idee: Gehen Sie einfach ins Internet auf meine Homepage *www.schmitz.tv*, denn da habe ich dieses herrlich widerliche Geräusch für Sie aufgenommen, damit Sie mitleiden können. Einfach klicken und anhören (Liebe Leserin, lieber Leser, sollten Sie dieses Buch von Ihrer Uroma vererbt bekommen haben, sehen Sie es mir nach, wenn hier so veraltete Begriffe wie »Internet« und »Homepage« verwendet werden). Wenn alles geklappt hat, haben Sie jetzt gerade einen kleinen Eindruck davon bekommen, wovon ich eben sprach. Wenn Sie bereits eine Katze haben, denken Sie wahrscheinlich gerade: Das ist ja meine!

Dieses Würgegeräusch ist nicht nur auditive Untermalung des Hochwürgens von Haarresten aus dem Bauchraum; das ist ein COUNTDOWN!

10, 9, 8, 7, 6 ... Nutzen Sie die Zeit! Denn genau so viel bleibt Ihnen, bis die Würge-Apokalypse beginnt. Und meine Katze ist mittlerweile 23, da kommt schon mal ein bisschen mehr mit!

Minka ist dann ja auch schon etwas dünner. Also ziemlich dünn. Sehr dünn sogar.

Wirklich, ich habe manchmal richtig Angst um meine Katze! Katzen kotzen ja mit dem ganzen Körper. Wir Menschen halten den Kopf über die Toilettenschüssel, zack, fertig. Aber bei Katzen bewegt sich alles! Der ganze Körper vibriert und schüttelt sich, völlig unkontrolliert. »Hng, hng, hng.« Ich muss immer unwillkürlich an Joe Cocker denken. Setzen Sie Ihre Katze dabei mal auf die Fliesen. Die rutschen vorwärts, ohne dass die das wollen! Fürchterlich! Ich habe jedenfalls Angst, dass sich meine Katze beim Kotzen aus Versehen auf links dreht! Und wie sieht das dann aus? Wie erklärt man das seiner angehenden-hoffentlich-vielleicht-Freundin, die gerade zu Besuch ist?

STUTZENDE TRAUMFRAU: »Was ist denn das?«
ICH: »Ach, 'tschuldigung, das ist meine Katze, die hat sich auf links gedreht!«
NOCH MEHR STUTZENDE TRAUMFRAU: »Und wie bekommst du deine Katze jetzt wieder auf rechts?«
ICH: »Och, man pustet sie einfach zurück, wie einen Luftballon.«
MISSTRAUISCHE TRAUMFRAU: »Moment mal, wo pustet man denn da rein?«
ICH: »...«
EHEMALIGE TRAUMFRAU: »Och, ne...!!!«

Katzen schaffen es übrigens immer, auf DAS bisschen Stück Teppich zu kotzen, das man noch hat. Man kann die ganze Wohnung gefliest haben, die finden den kleinen Duschvorleger. Gerne auch morgens, wenn man gerade noch duscht. Ganz heimlich schleichen die sich rein, »Hng, hng, hng«, fertig. Dann kommt man nichtsahnend aus der Dusche und ... danke schön!

Das Geräusch, das *hierbei* entsteht, können Sie übrigens wunderbar selber herstellen, da müssen Sie nicht mal ins Internet. Mischen Sie einfach Pudding, Quark und Corned Beef und treten barfuß rein.

Noch schlimmer aber sind die paranoiden Zustände, die man mit der Zeit entwickelt.

Man sitzt auf der Couch, alles gemütlich, alles gut, man hat vielleicht ein Buch in der Hand, die Welt ist in Ordnung, und dann, aus heiterem Himmel: »Hng, hng, hng.« Sofort denkt man: *Bitte! Bitte nicht schon wieder auf den Teppich! Bitte auf die Fliesen.*

Man sucht die Katze in der ganzen Wohnung, rennt wie der letzte Vollidiot durch die Gegend, und die ganze Zeit hört man: »Hng, hng, hng.«

10 – 9 – 8 – 7 – … dann hat man die Katze endlich gefunden. Sie war natürlich genau da, wo man sie als Letztes vermutet hatte. Jetzt sprintet man mit ihr durch das Wohnzimmer, … 4 – 3 – 2 – … »*Bitte nicht, bitte nicht, BITTE* …«. Man hat die Katze unterm Arm – jetzt können Sie das Geräusch aber schon selber machen, oder? –, man ist schon kurz vor der Küche, ja, man hat es fast geschafft, das Ziel ist nah und dann … Wuäääh!* (Dieses Geräusch lässt sich übrigens sehr realistisch und phonetisch nah am Originalton aufschreiben: Es klingt exakt wie Wuäääh.) In ebender Bewegung, mit der man die Katze in die Küche auf die Fliesen werfen will, übergibt sie sich, und eine lange Spur, vom Wohnzimmerflokati über die frisch verlegte Dielenauslegeware bis kurz *vor* die Küche, verschönt Ihnen den Tag.

Kennen Sie den Exorzisten …? Erinnern Sie sich an diese grüne Fontäne, die aus dem Mund des besessenen Mädchens

* *Wussten Sie eigentlich, …*
dass das Bürsten des Katzenfells das Verschlucken von Haaren verhindert, die als Haarbüschel von der Katze wieder ausgebrochen werden? Ein Mal Bürsten die Woche reicht völlig.

spritzte? Das ist ein Scheißdreck gegen das, was Ihre Katze von sich gibt!

Und wie peinlich das werden kann, wenn Sie gerade Besuch haben, ist auch jedem klar, oder? Daher auch die Panik vor jedem Date bei mir zu Hause. Stellen Sie sich das mal vor: »Hallo Sandra, komm doch rein…« – »Hng, hng, hng.«

Und wenn die Freundin in spe dann später am Abend fragt, was das denn für ein lustiger Fellballon ist, der da an der Zimmerdecke schwebt, dann haben Sie beim Katze wieder auf rechts Drehen zu doll geblasen.

Jemand anderes

An der vorigen Geschichte können Sie erkennen, wie schwierig es sein kann, eine neue Freundin zu finden beziehungsweise sie zu halten. Noch ein Beispiel gefällig?

Jemand anderes war Mitte zwanzig, hatte eine mittlerweile so fünfzehn Jahre alte Katze und gerade keine Freundin. Dafür hatte er aber ein paar Wochen zuvor eine mögliche-eventuell-vielleicht-hoffentlich-Freundin kennengelernt. Er traf sich mit ihr in Cafés, Restaurants, im Kino, in Bars, im Ägyptischen Museum zur Sonderausstellung von… äh, so genau hatte mir dieser andere das gar nicht erzählt.

Auf jeden Fall war die Zeit gekommen, wo er diese Frau zu sich nach Hause einlud und – Halleluja, sie sagte zu!

Jemand anderes hat also, clever wie jemand anderes eben ist, schon morgens damit angefangen, seine Katze mit ihrem Lieblingsessen zu füttern, weil sie danach immer so glücklich ist und stundenlang auf ihrem Kratzhocker im ehemaligen Büro schläft. Und jemand anderes hat dann genug Zeit und Ruhe, sich um die potenzielle Freundin zu kümmern.

Das hat auch planmäßig funktioniert, allerdings hatte er vergessen, dass es *eine* Sache gab, die seine Katze noch mehr liebte als *ihr* Lieblingsessen: *seins*. Egal, was es war, Hauptsache es war seins. Und normalerweise kriegte sie auch immer einen Happen davon ab. Einen kleinen. Und war dann zufrieden. An jenem Tag ging das aber nicht. Schließlich hatte jemand anderes ein richtiges Gala-Dinner gezaubert, mit gebratenem Lachs, Spinat und Rosmarinkartoffeln.

Als seine Katze fast zwei Stunden geduldig, aber erfolglos neben ihm am Herd gewartet hatte, konnte jemand anderes an ihrem Blick ablesen, dass sie das Kacke fand. Sie tachelte seiner rechten Wade völlig unvermittelt eine mit ausgestreckten Krallen und stolzierte mit erhobenem Schwanz und in aller Seelenruhe zurück ins Wohnzimmer.

Das war jetzt nicht so gut gelaufen. Er ignorierte sein blutendes Bein, hoffte auf das Beste und verdrängte den Rest. Für mehr war auch keine Zeit mehr.

Um Punkt kurz nach acht hatte jemand anderes den Tisch fertig gedeckt, neue Kerzen in die Ständer gepfriemelt und angezündet. Alles sah romantisch und perfekt aus, einschließlich jemand anderes, der darüber hinaus auch noch super roch. Das Essen war fertig, wartete im Backofen, und die ersehnte Dame durfte kommen.

Bevor diese das allerdings tat, tat die Katze etwas, was Katzen unglaublich gerne in so einem unpassenden Moment tun: Sie kotzte auf den Teppich. Sie erinnern sich noch an das Geräusch?

Jetzt wissen wir ja schon, dass Katzen nicht so unauffällig kotzen wie Profi-Models. Nicht mal ansatzweise. Aber immerhin hat man ja diese Vorwarnzeit. Und schon ging's los. 10 – 9 – 8 …

Minka, äh … die Katze von jemand anderem startete genau diesen Countdown in genau dem Augenblick, in dem die neue eventuell-vielleicht-hoffentlich-ach-bitte-bitte-Freundin an der Tür klingelte.

Jemand anderem wurde es ganz anders.

Da er nur Sekunden hatte, um seine Prioritäten neu zu setzen, geschah Folgendes: Er rannte in den Flur, drückte auf den Summer, rannte ins Wohnzimmer, schnappte sich die röchelnde Kotzkatze, rannte ins Schlafzimmer, machte den Kleiderschrank auf, wieder zu und empfing mit einem leicht verschwitzten Lächeln die Dame seiner Träume an der Haustür.

Das Essen verlief großartig. Der Lachs schmeckte köstlich, die Gespräche waren lustig und tendierten mit zunehmendem Weinkonsum zunehmend in privatere Gefilde und die romantische Hintergrundmusik, die er merkwürdigerweise etwas zu laut aufgedreht hatte, tat ihr Übriges. Irgendwann entschuldigte sich die Traumfrau kurz und verschwand auf die Toilette. Als sie wiederkam, war sie kalkweiß und sah etwas verängstigt aus.

Der Grund dafür war, dass »im Schlafzimmer ein Baby weint« und außerdem solle er vielleicht mal die Bettwäsche wechseln. »Die riecht schon streng.« Jemand anderes hatte seine Kotzkatze völlig vergessen.

Er murmelte schnell irgendetwas von »Ach je, die Oma!« und rannte ins Schlafzimmer. Es roch nicht streng, es stank bestialisch.

Wenn er auch nur für einen kurzen Moment mit der Idee gespielt hatte, seine jetzt-wohl-eher-nicht-mehr-Freundin noch ins Schlafzimmer zu locken, war diese Idee spätestens gestorben, als er den Schrank aufmachte.

Die Kotzkatze hatte nicht nur ihrem Namen alle Ehre gemacht und seine Schuhe vollgekotzt, nein! Sie hatte zusätzlich – quasi als kleine Extra-Rache fürs Einsperren – auch noch seinen neuen Wildledermantel eingepinkelt. Und der hing 20 Zentimeter über dem Schrankboden! Bis heute hat vielleicht jemand anderes eine Ahnung, wie die Katze das geschafft hat, ICH habe keine!

In all diesem stinkenden Chaos saß die Katze, sah ihn vorwurfsvoll an und stolzierte dann stinkend, ABER WÜRDEVOLL an ihm vorbei. Das kriegen Katzen auch in so einem Zustand noch hin.*

Der nächste Schrei kam aus dem Wohnzimmer. Jemand anderes konnte sich gut vorstellen, wie die Katze sich gerade stinkend und genüsslich an den Hosenbeinen seiner auf-gar-keinen-Fall-mehr-Freundin rieb. Dazu musste er weder aus dem Schlafzimmer gehen noch warten, bis die Tür ins Schloss fiel.

Was sie natürlich nur Augenblicke nach dem Schrei auch tat.

Als jemand anderes zurückkam, war die andere Wade dran.

Und der Lachs aufgefressen.

Wenn Sie jetzt auf eine Moral dieser Geschichte warten: Es gibt eigentlich keine.

Sie wollen trotzdem eine? Bitte schön.

Fängt die Katze an zu zicken,
    dann ist am Abend nichts mit … freundlicher Konversation.

Und die Moral von der Geschicht'?
    Hast du 'ne Katz', vergiss sie nicht!

Und dann natürlich noch ein Tipp:
    Wenn Sie so etwas oder etwas ähnlich Peinliches mal selbst erleben sollten: Behaupten Sie einfach, es wäre jemand anderem passiert.

---

* *Wussten Sie eigentlich, …*
dass die Giraffe, das Kamel und die Katze die einzigen drei Tierarten mit einem speziellen Gang sind? Beim Gehen setzen sie jeweils den Vorder- und Hinterfuß auf einer Seite nach vorne, dann die beiden Füße auf der anderen Seite.

DIE TEENAGERKATZE

Der unglaublich schlaue Salamibrotklau

Wenn man mal Tiger und Löwen in Afrika beobachtet hat, dann kann man sehr schön von deren Verhalten auf ihre ausgefeilten Jagdtechniken schließen. Und wenn man eine junge Katze, also eine Miniaturausgabe eines Tigers hat, dann hat man es noch besser. Dann muss man nicht so weit fahren. Die machen nämlich genau dasselbe. Nur anders.

Ich saß damals in meiner kleinen Studenten-Butze, 31 Quadratmeter (aber mit Badewanne!), auf dem Fußboden vor meinem Bett. An die Matratze angelehnt schaute ich fern, da die Glotze ganz am anderen Ende des Zimmers, also 1,50 Meter entfernt, ebenfalls auf dem Boden stand. Vor mir lag ein kleines Küchenbrettchen mit 'nem Salamibrot drauf, wovon ich mich damals überwiegend ernährte. Minka war weit und breit nicht zu sehen. Doch das sollte sich bald ändern.

Während ich also gebannt eine Folge des A-Teams verfolge, taucht plötzlich, aber ganz langsam, zuerst ein Schnurrbarthaar und dann die kleine rosa Nasenspitze links neben mir in der Tür auf. Sie müssen sich jetzt vorstellen, dass die Titelmelodie aus Pink Panther einsetzt und sich bis zum Ende steigert: Tadam tadam ... tadam ... tadamtadamtadam tadam tadaaaaaa ...

Ich bemerke sie, schaue aber weiter geradeaus, weil ich wissen will, was sie vorhat. Sie schleicht weiter. In Zeitlupe. Ganz offensichtlich ist sie auf der Jagd. Und sofort ist mir klar, an was sie sich heranschleicht. Ihr unschuldiges, noch nichts von seinem grausamen Schicksal ahnendes Opfer ist mein Salamibrot. Ich soll davon aber natürlich nichts mitbekommen, denn irgendwie hat sie verstanden, dass diese Beute eigentlich mir gehört. Ich hab sie gerissen und erlegt. Aber sie riecht halt so gut ...

Sie macht sich unsichtbar. Und zwar indem sie sich *so unglaublich langsam bewegt*, dass man sie überhaupt nicht mehr wahrnehmen kann.

Das denken übrigens alle Katzen.

Das kommt daher, dass normalerweise in der freien Wildbahn überall hohes Gras wächst, welches Sichtschutz und Deckung bietet. Hier in der 31-Quadratmeter-Wohnung gibt's natürlich kein Gras. Egal, gelernt ist gelernt.

Weiter geht's.

Sie schleicht aus Ermangelung des Dickichts immer an der Wand entlang. Erst links bis zum Fenster, dann genau vor mir am anderen Ende des Zimmers hinter dem Fernseher her, also wirklich genau durch mein Blickfeld – aber sie ist ja, Gott sei Dank, unsichtbar – und dann rechts an der Wand weiter, bis sie fast neben mir kauert. Sie macht keinen Mucks, keine schnelle Bewegung.

Zum besseren Verständnis hier der Wohnungs-, Anpirsch- und Fluchtplan:

Ich habe während der Anpirschphase immer wieder kurz gezuckt – ich musste mich die ganze Zeit unglaublich zusammenreißen, weil ich sonst in schallendes Gelächter ausgebrochen wär – und habe gesehen, wie sie dann sofort in hypnotische Starre verfallen ist. Dann konnte ich sie natürlich erst recht nicht mehr sehen. Verschwunden. Wahnsinn!

Jetzt sitzt sie da. Neben mir. Ich schaue absichtlich wie gebannt auf den Fernseher, sie macht sich bereit für den letzten entscheidenden Sprung: Ihr Schwanz zuckt noch einmal kurz, und dann ... Zack! Mit einer plötzlich unglaublich langen Pfote haut sie ihre Krallen in die Salamischeibe, reißt sie zurück, lässt sie dummerweise fallen und beißt sofort hinein. Mit ihrer frisch erlegten Beute in der Schnauze, die irgendwie überhaupt nicht praktisch herunterhängt und sehr behindernd hin- und herschlackert, rast sie wie eine wildgewordene Hummel zurück. Aber nicht, wie man jetzt vermuten sollte, quer durchs Zimmer, um abzukürzen. Nein.

Sie nimmt den gleichen Weg zurück, den sie gekommen ist!

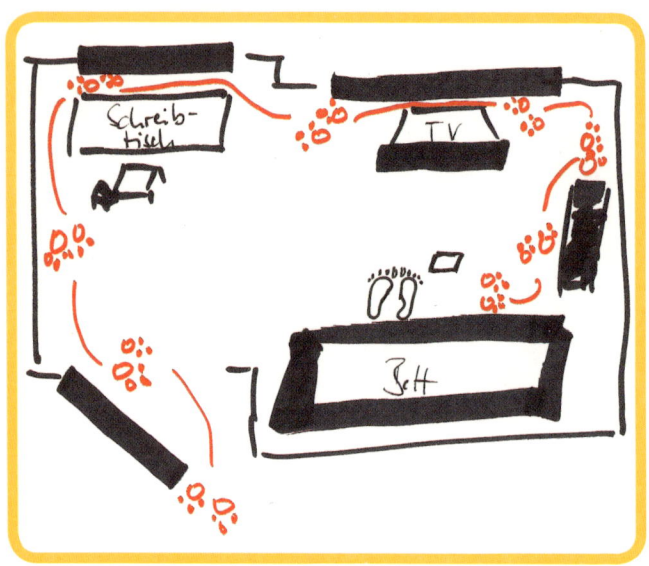

Immer schön an der Wand lang wegen der perfekten Deckung. Erst rechts, dann hinter dem Fernseher, dann links und ab durch die Tür. Gelernt ist gelernt.

Und um ihren Stolz, dass sie da wirklich etwas Großes geleistet hat, zu unterstreichen, kommentiere ich die perfekt geplante Flucht mit Ausrufen wie: »Das darf doch wohl nicht wahr sein« oder »Gibst du mir das sofort wieder her«.

Sie kaut die Salami ganz allein in der Küche, und ich störe sie dabei auch nicht. Ich glaube, Minka ist noch nie so stolz auf ihre Jagd gewesen wie an diesem Tag. Jetzt war sie ein Tiger.

Ein richtiger.

Und was die Tiernanny dazu sagen würde, ist mir ziemlich egal.*

Der erste Anflug von Wahnsinn

Katzen erleben ihre Umgebung völlig anders als wir. Vor allem die im Flegelalter.

Das ist mir zum ersten Mal richtig bewusst geworden, als ich die unterschiedliche Reaktion von Mensch und Katze auf ein herabfallendes Blatt eines Gummibaums wahrgenommen habe.

Jaha, ein »Blatt«.

In echt war das noch viel langweiliger, als man hier jetzt zunächst vermuten möchte, denn es handelte sich wirklich nur um ein popeliges, vertrocknetes Blatt. Ebenjenes fiel von meinem zumindest teilweise noch grünen Gummibaum herab, als zufällig gerade sowohl ich als auch meine Katze anwesend waren. Und da lag es dann.

ICH dachte, als ich das Blatt da liegen sah und gerade auf dem Weg in die Küche war: Ach, guck. Ein Blatt. Mach ich später weg.

Und fertig. Mehr Aufmerksamkeit bekam das Blatt nicht von mir. Vielleicht habe ich auch gar nichts gedacht.

Meine Katze hingegen schenkte dem Blatt überhaupt keine Aufmerksamkeit. Gar nicht. Kein Stück. Zuerst.

Minka saß einfach nur gelangweilt auf dem Teppich, während das Blatt herniederschwebte. Keinerlei Beachtung. Jegliches Interesse dafür war weit unter ihrer Würde. Zuerst.

* *Wussten Sie eigentlich, ...*
dass Gott, einer ungarischen Sage nach, Eva aus dem Schwanz einer Katze formte, die ihm gerade Adams Rippe gestohlen hatte?

Stunden *danach* allerdings, also *nachdem* das Blatt runtergefallen war und ich gedacht hatte ›Ach, guck. Ein Blatt ...‹ blabla ..., STUNDEN später zuckt meine Katze auf einmal mit einer mordsmäßigen Geschwindigkeit mit der Pfote vor, haut auf das wehrlose Grünzeug und startet nur Augenblicke später eine unfassbar wilde Verfolgungsjagd auf das unfassbar bewegungslose Blatt.

Nun kannte ich eine ähnliche Situation ja schon von der Salami-Nummer, aber dabei gab es für meine Katze ja auch ein klares Opfer zu erlegen: die Salamischeibe eben. Und damals hatte sie sich, wenn auch sehr langsam, an ihr Ziel herangepirscht und somit den Zweck des Ganzen durchaus erkennen lassen.

Und das verstehe ich sehr gut, Salami ist lecker, und da kann man sich durchaus mal heranpirschen, um sie dann wie aus dem Nichts – BÄMM! – mit der Pfote zu erlegen. Alles verständlich. Aber ein Blatt??? Und dann auch noch mit einer Verspätung, die selbst bei der Deutschen Bahn Aufmerksamkeit erregen würde?

Es ist ja nun leider auch nicht so, dass meine Katze einen besonders schlechten Geschmack hat und gerne abgefallene Blätter verspeist, nein, gar nicht! Eher im Gegenteil, Minka ist extrem wählerisch, was ihre Mahlzeiten angeht.

Und sie HAT dieses Blatt auch nicht gegessen. Das hat mich ja eben so verwirrt. Sie hat einfach nur völlig sinnfrei und aus dem Nichts ein herumliegendes unschuldiges Blatt vermöbelt und danach eine halbe Stunde »Verfolgungsjagd« damit gespielt.

Diese Verfolgungsjagd verlief übrigens so, dass sie das Blatt mit der Pfote und den Krallen immer ein Stück in die Luft hob, es dann mit einem tödlichen, fast manischen Blick angesehen hat, um es dann möglichst weit wegzuschleudern. Dann ist sie schnell wie ein Blitz hinterhergerannt, nur um exakt denselben bescheuerten Vorgang erneut zu starten ... nach fünf Minuten hab ich mir ernsthaft überlegt, meine Katze zum Tierpsychologen zu bringen. Ich meine, das sah wirklich nicht mehr »normal« aus, was Minka da gemacht hat.

Nach weiteren zehn Minuten Minka-Wahnsinn hatte ich mit meiner Schwester telefoniert. Die wollte mich mit der Information beruhigen, dass Katzen keine Psychologen brauchen, sondern im Gegenteil Psychologen Katzen sehr oft als Therapiemittel für Geisteskranke einsetzen. Angeblich. Weil Katzen eine beruhigende Wirkung auf manische Menschen haben.

Meine nicht.

Irgendwann hatte sie genug. Vielleicht war Minka in ihrem verrückten Katzenkopf schließlich davon überzeugt, dass sie das Blatt im Verlauf ihrer Jagd nun doch endlich »ganz tot« gemacht hatte, ich weiß es nicht.

Aber ich war und *bin* mir seit diesem ersten Ausraster mit dem Blatt ziemlich sicher, dass meine Katze komplett einen an der Waffel hat.

Das sage ich ihr natürlich nie, und ich lasse mir diese Meinung ihr gegenüber auch nicht anmerken. Aber ganz tief in mir drin weiß ich, dass ich im Besitz einer geistesgestörten Katze bin. Und noch tiefer in mir drin, da finde ich das auch irgendwie äußerst passend.

Ich habe dieses Erlebnis ganz bewusst »Der ERSTE Anflug von Wahnsinn« genannt, denn es kamen natürlich noch einige hinterher. Eigentlich macht Minka jeden Tag etwas, was man getrost als »wahnsinnig« bezeichnen könnte. Aber – und hier wird mir jeder Katzenbesitzer zustimmen – irgendwann, wenn man nur lange genug mit einer Katze zusammenlebt, fällt einem der Wahnsinn gar nicht mehr auf. Da findet man bestimmte Dinge dann völlig normal.

Außerdem wird man sich ja immer ähnlicher. Man merkt es nur nicht sofort. Moment mal ... da hinten ... der Pantoffel liegt da einfach so rum ... Ich muss los ... ...

Die verrückten fünf Minuten

Mir ist schon klar, dass es sich bei dieser Blattgeschichte wahrscheinlich um den Bewegungsdrang eines Teenagers handelte und außerdem ein bisschen Jagd-Übung dann und wann auch nicht schadet.

Katzen sind in jungen Jahren genauso übermütig und unerfahren wie wir Menschen. Ich habe damals als Teenager, so nannte man das früher, mit meiner Katze oft Nachlaufen gespielt. Das klappt wunderbar. Sie müssen nur den richtigen im Folgenden beschriebenen Moment abpassen ...

Minka bekommt mindestens einmal im Monat ihre verrückten fünf Minuten. Wie jede Katze! Auch Ihre!

Aus heiterem Himmel – man erschreckt sich fast zu Tode, und nichts, wirklich NICHTS kann einen darauf vorbereiten – rast Ihre Katze wie von der Tarantel gestochen durch die Bude, nimmt mit ausgefahrenen Krallen jede Kurve, so scharf es geht, stoppt kurz im Wohnzimmer, glotzt Sie panisch und in Deckung liegend an, brüllt dann herzzerreißend und pest den gleichen Weg zurück. Kaum am Ausgangspunkt angekommen geht's von vorne los. Und das macht wirklich JEDE Katze. Versprochen.

Man weiß nicht so genau, warum. Es gibt Stimmen, die behaupten, dass es sich um das Rolligsein handelt, also um die Vorbereitung zur Paarungsbereitschaft. Ich glaube das nicht. Was für ein Zinnober, nur wegen ein bisschen ... Stellen Sie sich mal vor, Ihre Freundin würde so einen Zirkus machen, nur um mal wieder ... Das glaubt einem doch keiner. Das macht auch keine.

Obwohl, ich hatte da mal eine in Wuppertal ...

Spielt aber auch keine Rolle, warum Katzen das machen. Sie können nämlich »Nachlaufen« mit ihr spielen. Das mit den Kurven macht einen Riesenspaß zum Beispiel, wenn Sie einen Flur mit Laminatboden haben. Da geht der Felltiger schon mal ab wie der Kegel beim Eisstockschießen.

Oder Sie stellen nach der ersten Runde die Möbel um.
Sehr lustig.

Müssen Sie aber eigentlich gar nicht. Zumindest nicht bei meiner Minka. Wir hatten damals eine tolle Maisonette-Wohnung mit Umlauf. Da konnte man im Kreis laufen, und meine Katze und ich haben oft Fangen gespielt. Damals kamen die fünf Minuten wöchentlich.

Zum besseren Verständnis mache ich mal besser wieder 'ne Zeichnung.

So geht es los...

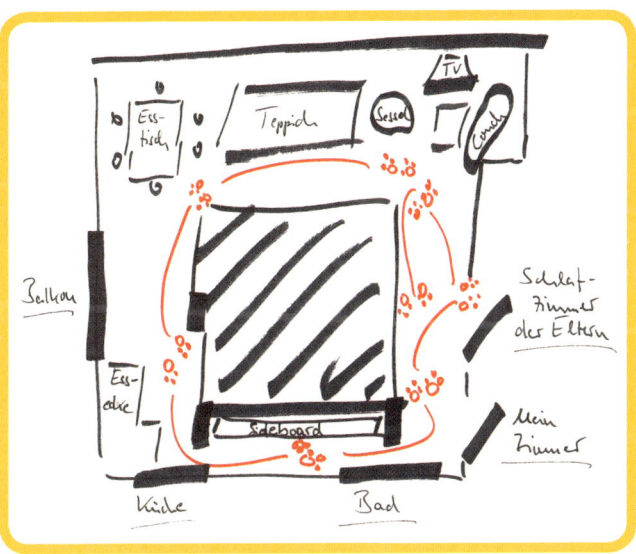

Dann wird es schlimmer...

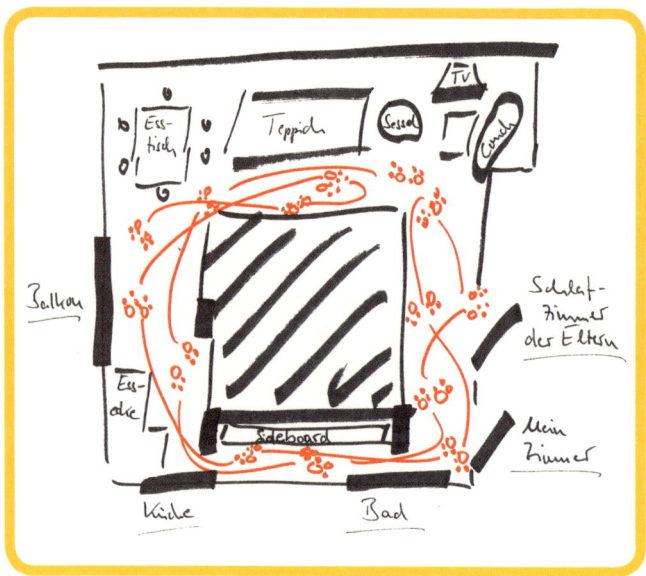

Bis ...

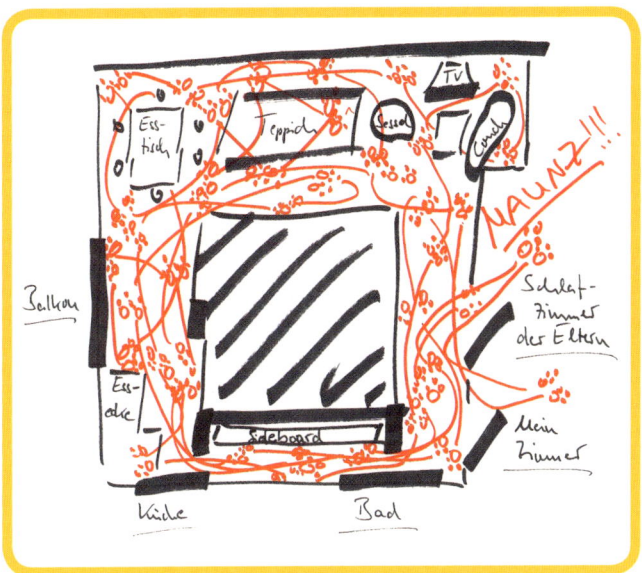

Wir hatten 'ne tolle Zeit.

Einmal, als wir spielten, hockten wir uns plötzlich gegenüber. Gesicht zu Gesicht. Auge in Auge. Sie saß nervös mit dem Schwanz zuckend neben der Wand beim Sideboard und ich, auch mit dem ... nee, Quatsch.

Jetzt hatte sie im Eifer des Gefechts aber wohl vergessen, wo genau sie war. Ich zuckte nach links. Sie sprang nach rechts. Und knallte vor das Sideboard. Vielleicht hat sie da den letzten Hau weggekriegt.

Leider sind wir dann umgezogen. Und so 'ne schöne Rennstrecke hatten wir nie wieder. Obwohl ihre fünf Minuten in den späteren einunddreißig Quadratmetern auch was hatten. Da habe ich aber nicht mehr mitgemacht.

Hat sie gar nicht gemerkt.*

Sturm und Drang

Wir befinden uns ja im Kapitel »Teenager-Katze«. Und wo würde die zweite Geschichte mit Bingo, unserem streichelsüchtigen Kater, besser hinpassen als eben hierhin. Ich möchte sie Ihnen nicht zuletzt deshalb erzählen, damit Sie ganz genau wissen, dass es sich bei meinen vorherigen Schilderungen nicht nur um seltene Ausnahmen einer einzelnen Katze handelt, sondern dass es bei *jeder* irgendwann so weit ist. Der Grad der Ausprägung ist nur höchst individuell.

Familie Rettig hat es nicht leicht mit Bingo, wie wir ja schon feststellen durften, aber andererseits hat er es auch nicht leicht mit ihnen. Jedes Lebewesen kommt einmal in das Alter, in dem es flügge wird, seinen eigenen Kopf hat, machen möchte, wonach ihm der Sinn steht. Ob Mensch, Hund, Borkenkäfer oder Bingo.

Familie Rettig ist aber eine wirklich intakte Familie, so nach klassischen, um nicht zu sagen konservativen Regeln geordnet: Der Vater geht arbeiten, die Mutter kümmert sich um die beiden Töchter, der Opa mäht den Rasen, und Bingo ist das i-Tüpfelchen,

* *Wussten Sie eigentlich, ...*
dass eine Katze mit einem Spitzentempo von 48 km/h exakt die gleiche Höchstgeschwindigkeit erreicht wie ein Nilpferd, das sich auf der Flucht befindet?

das Sahnehäubchen auf der Harmonietorte. Das mit Bingos Macke weiß außer ihnen auch nur ich. Wenn das rauskäme, würde das ja das Bild von der ganzen heilen Welt zerstören. Das darf ich niemandem weitersagen. Tu ich auch nicht.

Jetzt ist zurzeit die Sache mit dem Streicheln nicht das einzige Problem, Bingo wird nämlich erwachsen. Er ist Freigänger und kommt zurzeit nach Hause, wann er will. Mama Rettig kriegt regelmäßig eine Krise. Das war sie bisher so nicht gewohnt. Bingo ging des Abends raus, raufte sich nachts mit anderen Katern oder so und stand pünktlich morgens um 7 Uhr wieder auf der Matte, weil es Frühstück gab mit Streichelhilfe.

Nicht so seit ein paar Wochen. Ich war sonntags zum Brunch bei Rettigs eingeladen – ich gehe da gerne hin. Habe ich die beiden Töchter schon erwähnt? –, und es war ein herrlicher Tag. Die Sonne schien, wir lachten viel – so konservativ sind sie nun auch wieder nicht –, die Terrassentür stand weit offen, und plötzlich kam Bingo durch die Hecke gehüpft und trottete auf den Eingang zu. Es war mittlerweile halb eins!

»Wo kommst du denn jetzt her?«

So ging's los. Mama Rettig war wirklich sauer.

»Lass ihn doch«, sagte Papa Rettig. »Kann dir doch egal sein, was er gemacht hat.«

»Halt dich da raus. Ich rede mit dem Kater. Ich muss doch wissen, was er gemacht hat, hinterher passiert ihm noch was.«

Wir reden immer noch von einer Katze, liebe Leserin, lieber Leser, aber *das* hatte Familie Rettig offensichtlich verdrängt.

»Hallo???«

Bingo zuckte nicht mal. Keine Reaktion. Er wackelte einfach weiter, mit halb geschlossenen Augenlidern, als hätte er die ganze Nacht durchgemacht. Was rede ich denn da, er ist 'ne Katze, natürlich hat er die ganze Nacht durchgemacht. Aber eben auch den Vormittag… Er hatte jedenfalls einen Ausdruck im Gesicht, als ob er bis morgens durchgesoffen und -gefeiert hätte.

»Ich rede mit dir, mein Freund!«, rief sie hinter ihm her. Doch Bingo war schon im Haus.

»Hat wohl ein paar Miezen getroffen, heute Nacht.« Papa Rettig lachte laut über seinen eigenen Witz. Wir auch. Außer Frau Rettig. Und wir dann auch nicht mehr.

Sie stand auf und folgte dem Kater nach drinnen.

»Jetzt hör aber auf, Liebes, er ist doch wieder da ...«

»Halt dich da raus«, kam es von drinnen. Papa Rettig sagte ab sofort nichts mehr. Hätte sowieso keinen Sinn gemacht. Wir hörten sie auf den armen Kater einreden, und die beiden Töchter und ich liefen aus lauter Neugier hinterher, um zu erfahren, wie es weiterging.

Bingo schleppte sich zu seinem Napf, der schon seit vielen Stunden auf ihn gewartet hatte. Ebenso wie Mama Rettig, die laut Plan heute Morgen mit der Fressunterstützung dran gewesen war. Bingo hockte sich vor sein Futter und wartete. Wie immer.

»Ach nein, der feine Herr, das darf ich dann wieder machen. Den ganzen Morgen nicht nach Hause kommen, noch nicht mal ein Zeichen von Reue oder Entschuldigung zeigen, aber für einen vollen Magen, da darf ich sorgen. Mein Freund. Das war das letzte Mal. Das sage ich dir.«

Ich weiß nicht, ob Mama Rettig wirklich wusste, mit wem sie sprach. Vielleicht hatte sich ja durch die ganze Arbeit mit Streicheln, Versorgen und Kümmern irgendetwas in ihrer Wahrnehmung verschoben.

Bingo allerdings interessierte das alles immer noch nicht. Er ignorierte sie komplett. Ganz der Teenager, der er nun ganz offensichtlich war, wartete er nur müde darauf, dass es vorbeiging und Mama endlich das Essen auf den Tisch stellte beziehungsweise anfing, seinen Rücken zu kraulen. Was sie dann auch tat. Dabei ging es natürlich unaufhörlich weiter mit den Vorhaltungen. Wer kennt das nicht? Ich hatte Mitleid mit ihm. Er wollte doch nur essen und dann wieder ... Jetzt fang ich auch schon an.

»Schmeckt's dem feinen Herrn denn? Soll ich vielleicht noch einen Nachtisch kredenzen?«

Ich rechnete jeden Augenblick mit dem Satz: »Solange du deine Pfoten unter unseren Tisch legst, so lange ...« Aber der kam nicht. Schade eigentlich.

Bingo war schließlich fertig, leckte sich die Schnauze und setzte sich wieder in Bewegung. Richtung Terrassentür. Genauso wie er gekommen war, lief er auch wieder zurück. Er würdigte niemanden eines Blickes, schon gar nicht Mama Rettig. Die ging ihm einfach nur auf den Zeiger. Boah, können Menschen nerven.

»Wenn du jetzt einfach so wieder gehst, mein Freund und Kupferstecher, dann hört der Spaß auf.«

Mama Rettig war außer sich. Sie fühlte sich ausgenutzt, verraten und ungeliebt. Von irgendwoher kannte ich diese Szene.

»Es ist mein Ernst, Bingo, noch ist Spaß! Du bleibst jetzt hier. Hörst du mich?«

Beide waren mittlerweile wieder im Garten. Der Kater stakste immer weiter, immer noch ohne Reaktion, und sie flitzte um ihn herum wie ein Kolibri auf der Suche nach Nektar.

»Bingo. Zum letzten Mal ...«

Hops. Weg war er. Durch die Hecke. Einfach so. Und das, ohne Tschüs gesagt zu haben!

Mama Rettig war am Ende. Sie ließ sich wieder auf ihren Stuhl fallen, und man konnte in ihrem Gesicht ablesen, dass sie gerade ihren einzigen Sohn verloren hatte. Wahrscheinlich an so eine dahergelaufene kleine Hexe, die ihm nicht mal das Wasser reichen konnte. War es denn gar nichts, was *sie* für ihn getan hatte? Hatte *sie* sich denn nicht aufgeopfert, ihn aufgepäppelt, als es damals kritisch wurde, kurz nach seiner Geburt? War *sie* nicht diejenige gewesen, die um ihn gekämpft hatte, als alle anderen ihn schon aufgegeben hatten? Er würde schon wiederkommen. Reumütig. Um Verzeihung bittend. Jawohl. Und dann würde sie NICHT lange sauer sein. Sie würde Größe beweisen, ihm verzeihen und eine frische Dose Katzenfutter für ihn öffnen.

Diesen Verlauf ihrer Gedanken konnten alle verfolgen, die neben ihr saßen. Es war so, als ob man, wie in einem Comic, Gedankenblasen über ihrem Kopf anschauen konnte und so wusste, was sie gerade dachte. Alle waren verstummt. Wir saßen alle wieder am Tisch und sagten kein Sterbenswörtchen. Bis Mama Rettig wieder mit sich im Reinen war.
»Noch jemand Kaffee?«

Liebe Mama – die eigene jetzt, nicht Frau Rettig –, wenn du das hier liest, es tut mir leid. Ich war damals in der Pubertät, und die Hormone machen eben, was sie wollen. Dafür ein dickes Sorry.

Mama Rettig wird wohl lange auf so einen Satz warten müssen. Die Arme.

KATZEN-MACKEN

Zugegeben: Eigentlich könnte man achtzig Prozent der in diesem Buch enthaltenen Geschichten unter der Gesamtüberschrift »Katzen-Macken« zusammenfassen. Das bringt das »Katze-Haben« naturgemäß mit sich. Die Katze an sich hat einfach ein paar Sprünge in der Schüssel, da hilft alles Schönreden nichts. Aber genau deshalb ist sie ja auch so beliebt. Sie ist uns ähnlich. Stellen Sie sich doch mal vor, Katzen wären ausschließlich gute, liebevolle Geschöpfe, die niemals Ärger oder Kopfzerbrechen machten – da wäre dieses Buch aber verdammt kurz geworden. Und langweilig. Außer vielleicht für Wiebke und Roger mit weichem »g«.

Und obwohl natürlich jede Katze unzählige Macken hat, ist meine Minka im weltweiten Vergleich definitiv ganz weit vorne mit dabei. Wie gesagt, davon handelt dieses Buch zum großen Teil. Minka hat aber teilweise SO große Macken, dass es hierfür eines eigenen Kapitels bedarf.

Die Katze und Alzheimer

Minka ist übrigens nicht nur 23 und kotzt wie 'ne Wilde, nein, sie ist auch noch taub und hat Alzheimer.* Jetzt fragen Sie sicher, wie man das merkt. Aufgepasst…

Sie haben sicher schon mal eine Katze miauen hören. Ob es jetzt die Katze des Freundes, des Nachbarn oder gar die eigene war, ist egal. Sicher gibt es da den einen oder anderen Unterschied, aber im Grunde ähneln sie sich doch alle in Art, Ton und Lautstärke.

Meine Katze ist *taub*.

Das bedeutet, sie hört sich selber nicht mehr. Also, das mit den Tönen und den Dezibel, das hat sie nicht mehr so raus. Das klingt bei Minka anders…

Man kann es nicht ignorieren!**

Egal, ob Sie gerade gemütlich auf der Couch sitzen, auf dem Klo oder Ihrer Freundin einen Heiratsantrag machen, Sie halten diese Attacke einer schwerhörigen Katze höchstens zehn

---

* *Wussten Sie eigentlich,…*
dass sich die Lebenserwartung von Katzen seit 1930 von acht auf sechzehn Jahre verdoppelt hat? Pöh!

** *Wussten Sie eigentlich,…*

dass Katzen besser hören als Hunde? Ein Mäusepiepsen genügt ihr, um ihr Opfer zu orten. Eine Katze kann Schwingungen bis 60 000 Hertz wahrnehmen, und die liegen bereits im Ultraschallbereich. Sie weiß sofort, mit welcher Geschwindigkeit sich das Opfer in welche Richtung bewegt.

Sekunden aus, dann rennen Sie zu ihr und erfüllen ihr jeden Wunsch.

Minka möchte dann zum Beispiel auf den Balkon, mit den Schneeflocken spielen, aber die Tür ist zu.

Ich renne hin, mache die Balkontür auf, sie hüpft raus, ich mache die Tür wieder zu.

Nach fünf Sekunden merkt sie: »Oh, das ist aber scheißkalt hier draußen.«

Dann will sie wieder rein. Es ist dasselbe Bild, nur diesmal ohne Ton.

Tür auf, Katze rein, Tür wieder zu.

Meine Katze bleibt dann genau einen Meter von mir entfernt mit dem Rücken zu mir sitzen, guckt mich langsam über die rechte Schulter zurück an, mit einem Ausdruck – tja, das ist so ein Blick, als ob deine Freundin dich anguckt, weil du was verbrochen hast, sie dir aber noch nicht gesagt hat, was es ist: »Scheißkalt draußen, ARSCHLOCH!«

Ich sitze gerade wieder auf der Couch, da hat meine Katze vergessen (Alzheimer lässt grüßen), dass sie heute schon mal draußen war. Dann will sie wieder raus…

Tür auf, Katze raus, Tür wieder zu.

Nach fünf Sekunden…

Tür auf, Katze rein, Tür wieder zu.

Das passiert dann dreißig, vierzig Mal hintereinander. Raus, rein, raus, rein, raus, rein …

Letztens stand ICH draußen.

Meinen Sie, die hätte mich wieder reingelassen? Frechheit.*

Ich glaube sie hat einen Plan. Sie will, dass ich irgendwann denke, ICH hätte Alzheimer. Aber nicht mit mir!**

Was macht denn die süße Katze da auf meinem Balkon?

Der etwas andere Gesichtsausdruck

Zu jeder Katze gehört das Katzenklo im Bad. Das wissen wir ja schon. Aber *in* dem Katzenklo befinden sich diese kleinen, weißen Kügelchen, die Katzenstreu. Ich frage mich seit dreiundzwanzig Jahren, wie diese kleinen, süßen Tiere es schaffen, das Zeug in der gesamten Bude bis in den letzten Winkel zu verteilen. Egal, ob du zwanzig Quadratmeter hast oder zweihundertfünfzig: Die schaffen das locker!

An den unmöglichsten Stellen findest du diese kleinen Minibröckchen.

Du wachst morgens auf und hast so einen Krümel in der Nase. Und du kannst froh sein, wenn es nur die Nase war. Ich hatte auch schon …

Wie machen die das? Das sind doch ganz kleine, süße Felldinger. Warum sagt einem das denn vorher keiner? Alle sprechen immer von den niedlichen, lustig verspielten, so unglaub-

> * *Wussten Sie eigentlich, …*
> *dass Sir Isaac Newton, der Entdecker der Schwerkraft, auch der Erfinder der Katzentür ist?*
>
> ** *Wussten Sie eigentlich, …*
> *dass die vermutlich älteste Katze der Welt im Jahr 1939 kurz vor ihrem 38. Geburtstag starb?*

lich reinlichen Katzen. Aber von der Kehrseite der Medaille, von der dunklen Seite der Macht, da redet keiner. Da halten alle die Klappe.

Ich habe eine Theorie. Ich glaube, dass sich Katzen, sobald die Tür ins Schloss fällt, mit zwei Schaufeln bewaffnen, kurz im Klo Munition holen und dann einmal durch die Wohnung rennen. Hier ein bisschen, da ein bisschen, dumm di dumm. Und wenn man dann wiederkommt, schlafen sie ganz seelenruhig auf ihrem Lieblingskissen, als ob nichts gewesen wäre. Pah.

Du kannst gerade gesaugt haben, bist nur kurz zum Kiosk und zwei Minuten später wieder da: Die Wohnung ist übersät mit kleinen, weißen Steinchen.

Ich habe von einem Pärchen gehört, das drei Katzen hatte und plötzlich die Wohnung nicht mehr verlassen konnte. Alles voll. Mit Katzenstreu.

Die Feuerwehr musste anrücken, die Türe aufbrechen, Berge von weißen Krümeln rausschaufeln, mit Lastern abtransportieren, um dann erst die beiden Menschen aus ihrer Not befreien zu können. Die Frau soll, angeblich festgeschnallt auf einer Trage, immer wieder gebrüllt haben: »Aber wir haben doch nur *einen* Sack gekauft. NUR EINEN!«

Man hat die beiden nie wiedergesehen.

Es gibt ja sehr unterschiedliche Formen und Modelle von Katzentoiletten, ganz nach persönlichem Geschmack. Sicher, es gibt die teuren mit Deckel, Antirutschnoppen, Samtvorhang im Eingang und einem Deckenfresko von Leonardo da Vinci. Ich aber habe die schlichte Version, ohne Deckel. Ich gucke gern zu.

Nein, nein, nicht wirklich natürlich, aber mir ist letztens etwas aufgefallen, als ich selbst auf der Toilette war. Ich saß da auf meinem Klo und Minka auf ihrem mir gegenüber. Unsere Blicke trafen sich – sehr interessante Situation übrigens –, und mir fiel etwas auf. Sie sah mich gar nicht, nicht wirklich.

Katzen ändern nämlich, wenn sie anfangen ihr Geschäft zu machen, schlagartig den Gesichtsausdruck …

Gut, die eine oder andere Leserin wird jetzt sagen: »Das macht mein Mann auch!« Ja, aber Katzen sind dann nicht mehr ansprechbar.

Das Bewusstsein hat Urlaub, die sind weg, ganz weit weg in der … Cat-Piss-Twilight-Zone. In diesem Zustand geistiger Leere kann man alles mit Katzen machen. Alles! Ich hab's ausprobiert. Ich habe Minka zum Beispiel dekoriert, mit Luftschlangen und so 'nem Krönchen auf dem Kopf. Keine Reaktion. Dann habe ich sie nassgespritzt, nix. Angebellt, nada. Umgeschubst … Katzen pinkeln einfach weiter!

Probieren Sie das unbedingt aus, liebe Leserin, lieber Leser, es lohnt sich. Ärgern Sie Ihre Katze, was das Zeug hält. Wenn Sie noch keine haben, dann holen Sie sich eine, die sind nicht so teuer. Es macht einen Riesenspaß. Nur, wenn Sie gerade dabei sind, die Katze zu ärgern oder Blödsinn mit ihr zu veranstalten, und sie dann plötzlich fertig ist mit ihrem Geschäft, sie also just in dem Moment aus der Cat-Piss-Twilight-Zone zurückkommt – dann gibt's Ärger! Katzen merken sich nämlich alles, rächen sich aber erst, wenn *Sie* nicht mehr damit rechnen. Ganz gemein. Zum Beispiel, wenn man vergessen hast, das Katzenklo sauber zu machen.

Letztens lag ich abends auf der Couch, hab noch was gelesen, da kam die Katze zu mir. Ich lege das Buch weg und denke noch, wie süß das ist. Sie setzt sich auf meine Brust ... ich streiche sie ... Sie guckt mir tief in die Augen – und ändert den Gesichtsausdruck!

Die hat mir auf die Brust gepinkelt, tief in die Augen geguckt und zu verstehen gegeben: ›Pass mal auf! Du machst jetzt sofort mein Katzenklo sauber, sonst war das hier erst der Anfang!‹

Kennen Sie den Unterschied zwischen Hunden und Katzen?
Hunde haben Herrchen.
Katzen haben Personal!

»Ich trinke, wo ich will«

Alle Katzen sind wasserscheu. Weiß man. Kennt man.

Viele Katzenbesitzer werden bestätigen können, dass sie schon mal mit blutenden oder zumindest zerkratzten Armen aus dem Badezimmer kamen, nachdem Sie der Katze in ihrer endlosen Panik geholfen hatten, wieder aus der vollen Badewanne herauszuklettern.

Blöd ist nur, wenn *Sie* noch drinsitzen. In der Wanne. Richtig blöd.

Ich stieg ins herrlich heiße Wasser – ich war den ganzen Tag bei Eis und Schnee unterwegs gewesen –, hatte mich gerade gemütlich ausgestreckt, da rennt meine doofe Katze wie eine Irre (sie hatte wieder ihre verrückten fünf Minuten) ins Bad und springt in die Wanne.

Nun muss man dazu sagen, dass sie das immer wieder gerne macht. Sonst allerdings, wenn das Ding leer ist. Sie sitzt dann nämlich gerne unter dem Wasserhahn und leckt die Tropfen ab, die ihr auf die Schnauze fallen, oder schlabbert an einem feinen, dünnen Wasserstrahl, stundenlang wie in Trance. Wenn sie Durst hat, sitzt sie dann schon mal sehr ausdauernd in ebendieser Badewanne und wartet darauf, dass ihr endlich jemand den Hahn aufdreht. Da man aber nicht immer sofort mitbekommt, wann Madame geruht, trinken zu wollen, macht sie dann in bekannter Art und Weise auf sich aufmerksam …

Das hallt ganz schön wegen der Fliesen.

Dieses Mal war Wasser drin. Und ich.

Jetzt kommt eine Katze aber nicht so schnell wieder aus einer vollen Wanne heraus, wie sie hereingekommen ist. Mit vier Pfoten schwimmen ist leichter gesagt als getan: Alles ist glitschig, und die Krallen finden auf der Emaille auch nichts, wo sie sich reinschlagen lassen. Außer natürlich bei dem armen Teufel, der völlig nackt ist – das ist normal, wenn man badet, ich weiß, aber ich wollte es der Dramatik halber nochmal erwähnen – und sich gerade entspannen wollte.

In so einer Situation ist man(n) zwischen zwei Möglichkeiten

 Wussten Sie eigentlich, …
dass Katzen ihr Miauen so gut wie nie anderen Katzen gegenüber verwenden? Dieser Laut ist nur für den Menschen reserviert!

hin- und hergerissen: Auf der einen Seite wollen Sie natürlich dem armen Tier in seiner Not so schnell wie möglich aus der Misere helfen. Andererseits wollen Sie aber auch Ihr bestes Stück und Nebensachen vor der Zerfledderung bewahren.

Was macht man da?

Beides.

Mit der rechten Hand packte ich Minka am Kragen, wie Katzenmütter das bei ihren Babys machen. Mit der linken schützte ich ... na, Sie wissen schon. Obwohl da *eine* Hand nicht ... Aber das ist eine andere Geschichte.

Da ich jetzt keine Hand mehr zum Festhalten übrig hatte, ging ich unter. Mit der linken Hand im Zentrum, mit der rechten die strampelnde und mir den Arm, aber zumindest nur den Arm, zerfleischende Katze aus dem Gefahrenbereich hievend, schluckte ich einen halben Liter Schaumbad-Perlen-Wasser de luxe. Ich hatte gerade 'ne Freundin. Und Frauen kaufen immer so ein Zeug.

Als Minka dann endlich im Trockenen war, haute sie nicht etwa ab, nein. Sie blieb direkt neben der Wanne stehen und drehte sich ganz langsam zu mir um. Ich kam gerade wieder hoch, spuckte den letzten Schluck Schaumbad de luxe aus und erntete den bösesten Blick, den ein Mensch jemals von einer Katze bekommen hat. Ich habe sie völlig enttäuscht und laut angeschrien: »Was denn?« Schließlich hatte ich ihr das Leben gerettet.

Das spielt aber in so einem Moment gar keine Rolle. Ich war schuld. Warum wusste keiner, sie am allerwenigsten, aber ich war schuld. Das Kapitel, in dem ich erstaunliche Ähnlichkeiten zwischen Katzen und Frauen beschreibe, kommt noch.

So eine Geschichte haben Sie sicher erwartet. Schließlich weiß jeder, dass Katzen Wasser auf den Tod nicht leiden können.

Bis auf den Kater meiner Ex-Freundin. Claude.

Claude liebt Wasser. Schade, dass er und Minka sich nie begegnet sind, meine Ex und ich wohnten damals nicht zusammen. Sie hätte viel von ihm lernen können.

Sicher, wenn Katzen nass werden, dann ist das gar nicht so gut für diese Tiere. Eher ungesund. Claude war das egal. Er sprang ABSICHTLICH in die Wanne. Und zwar, bevor wir selber drinsaßen. Es war immer dasselbe. Man drehte den Hahn auf, steckte den Stöpsel rein, ging fünf Minuten raus, und wenn man wiederkam ... saß er schon drin. Bis zur Halskrause im Wasser. Völlig ruhig.

Und bei ihm war es umgekehrt wie bei Minka. Bei Claude wurde einem der Arm zerfleischt, WEIL man ihn rauswerfen wollte. Unterm Strich ist es allerdings egal, weshalb man wieder zum Arzt muss und sich gegen Tetanus impfen lässt. Ich glaube bis heute, dass er denkt, er sei ein Mensch.

ALLES FÜR DIE KATZ

Was essen Sie persönlich am liebsten? Was ist Ihre Leibspeise? Wiener Schnitzel? Austern und Kaviar? Die Gemüsesuppe von der Oma?

Meistens hat man doch eine oder zwei Vorlieben, und damit hat sich's.

Katzen sind da ganz anders. Um die unterschiedlichen Geschmäcker allein *einer* Katze aufzuzählen, müsste man ein eigenes Buch schreiben. Was heute gut ist, ist morgen eine Katastrophe. Doch es gilt auch: Was seit Jahren gut ist, darf auf keinen Fall geändert werden!

Trösten Sie sich. Wie Sie es auch anstellen, Sie KÖNNEN es nicht richtig machen.

Falls Sie noch keine Katze haben, dann werden Sie sich langsam an die Gaumenwünsche Ihres Tigers heranpirschen müssen. Glauben Sie mir, es wird nicht so einfach sein, wie es uns allen in der Werbung eines Katzenfutterherstellers, dessen Name sich auf -iskas reimt, vorgegaukelt wird. Klar können Sie einfach in den Supermarkt rennen, das erstbeste Futter kaufen und Tinkabell das vorsetzen. Viel Glück! Sie werden höchstwahrscheinlich nicht nur *ein* Mal zurückgehen müssen, denn Ihre Katze ist wählerisch.

Das Schlimmste allerdings ist nicht, dass Sie noch einmal zurück in den Laden müssen, denn das müssen Sie auch noch nach zehn Jahren, wenn sich der Geschmack Ihrer Felida von heute auf morgen mal wieder geändert hat. Nein, das Schlimmste ist, dass Ihre Katze Sie bei Nichtgefallen des Futters ansieht, als ob Sie versucht hätten, sie umzubringen. Beziehungsweise sie schaut Sie gar nicht mehr an. Die Variation mit dem demonstrativen Am-Napf-Riechen ohne jegliche Körperbewegung – nur die Nasenflügel bewegen sich minimal vor lauter Ekel – und des Nicht-fassen-Könnens gibt es nämlich auch noch. Einen mit dem Arsch nicht mehr angucken. Das haben Katzen erfunden!

Wenn Sie das falsche Futter mit nach Hause gebracht haben, ob jetzt aus Unwissenheit oder Gedankenlosigkeit, bekommen Sie das Gefühl vermittelt, Sie hätten eine alte Freundschaft, unbedingtes Vertrauen, ja die größte Liebe Ihres Lebens mit Dreck beschmissen.

Sie wären nicht der erste Katzenbesitzer, der abends kurz vor Ladenschluss noch in die Feinkostabteilung des nächsten Kaufhauses rennt und Leberpastete kauft, um alles wieder gutzumachen. Die mögen nämlich, Gott sei Dank, alle Katzen. In diesen Momenten wünsche ich mir immer einen Kater wie Bingo, der zwar gestreichelt werden muss, aber dann wirklich *alles* frisst. Ob die tauschen? Quatsch.

Essensvorlieben von Minka

Minka ist bisweilen so wählerisch, dass ich den Tränen nahe bin. Einige ihrer Vorlieben haben sich im Laufe ihres bisherigen Lebens nämlich stark weiterentwickelt. Und nicht nur zum Besten. Um Ihnen einen Eindruck von diesen Verhältnissen zu vermitteln, um mit Ihnen mein Leid zu teilen oder auch um Sie auf

Ihre eigene Zukunft vorzubereiten, hier ein paar Auszüge aus dem Speisezettel meiner Katze:

Hamburger à la extraordinaire

Minka frisst zum Beispiel wahnsinnig gerne Hamburger. So weit, so gut. Sie frisst sie aber nur in einer bestimmten Zusammenstellung, ich habe alle Varianten, nur so aus Neugier, in einem klinisch überprüften Doppelblindversuch durchgespielt.

Nur Fleisch: Kein Interesse.
Fleisch mit Ketchup: Nix.
Brötchen mit Ketchup: Kein Erfolg.
Nur Brötchen: Fehlanzeige.
Nur Ketchup: Mööp.
Alles zusammen: wird sofort gierig verschlungen.

UND der Hamburger muss von der Fast-Food-Kette mit dem schottisch klingenden Namen sein, die mit dem König hat keine Chance. Ein gedankenloser, impertinenter Versuch wurde mit der Schmach des Mit-dem-Arsch-nicht-mehr-Anguckens bestraft. Und so 'ne Pastete ist verdammt teuer, wenn man noch in der Ausbildung steckt.

Der rosarote Salamipanther

Die Geschichte darüber, wie sehr sie auf Salamibrote steht und wie elegant sie sich diese beschaffen kann, kennen Sie ja schon.

Ocean's Katze

Minka liegt hin und wieder auf dem Esstisch. An diesem eigentlich natürlich nicht zu tolerierenden Verhalten bin ich aber völlig unschuldig. Das ist auf ein weibliches »Och, lass sie doch mal« meiner Ex zurückzuführen. Ich weiß, das geht natürlich eigentlich überhaupt nicht. Das ist bei mir auch normalerweise strengstens untersagt, nur eben nicht wenn die Dame des Hauses da war. Da hatten sich die Mädels dann untereinander verschworen. Zwei gegen einen, was sollte ich denn machen?

Minka hat sich damals eine richtige Taktik erarbeitet, um an unsere Leckereien auf dem Tisch zu kommen, die Ich-bin-gar-nicht-da-und-furchtbar-müde-Taktik. Sie muss heimlich geübt haben, denn ihre Handlungsabfolgen waren schließlich perfekt, fein geschliffen bis ins Detail, und die ganze Operation verlief jedes Mal präzise nach Plan. Wir haben es erst nach Wochen und vielen Verlusten so richtig mitgekriegt.

Es ist Sonntag. Frühstückszeit. Die beiden Menschen sitzen gemütlich am Tisch, unterhalten sich und lesen dabei Zeitung. Alles ist perfekt. Minka wartet auf den Moment, wenn schon einiges angebissen wurde – aber noch nicht alles weg ist! – und sich eine angenehme Trägheit, man könnte auch sagen Sorglosigkeit, breitmacht. Genau jetzt springt sie mit federleichten Pfoten auf den Tisch, ganz ans andere Ende, dort wo nicht mehr gedeckt ist und sie mit dem Rücken zu uns aus dem Fenster gucken kann. Was sie auch völlig gedankenverloren tut. Wir schöpfen keinen Verdacht.

Nach ungefähr drei Minuten – wir haben die Zeit später mehrfach gestoppt – legt sie sich hin, zufällig mit dem Kopf in unsere Richtung, und schläft genüsslich ein. Sonntag eben. Sollen wir denken!

Wieder circa drei Minuten später reckt sie sich zu voller Länge, wie Katzen das eben so tun. Absolut harmlos streckt sie alle viere von sich, und das mit einem noch viel harmloseren Gähner. Danach liegt sie deutlich näher am Schinken als noch vor wenigen Augenblicken. Wir kriegen davon nichts mit. Ein weiteres Gähnen nach zwei Minuten, sie liegt direkt neben dem Käse und dem Quark. Alles ist in Reichweite, wirklich alles, und wir sind immer noch völlig ahnungslos.

Sie treibt es auf die Spitze, will uns wohl klarmachen, wie gut sie ist. Sie legt ihr süßes Katzenköpfchen mit halbgeschlossenen und offensichtlich schlaftrunkenen Lidern auf die geschlossene Butterdose. Wir beide schauen auf, sehen sie, lächeln ob des niedlichen Bildes und lesen oder reden weiter. Wenn wir das nächste Mal hinschauen, hat sie den halben Krabbensalat und das ganze Nutella vom Brötchen geleckt, den teuren Lieblingskäse angenagt, die mit Quark verschmierte Nase in der Himbeermarmelade und vorsorglich die Krallen schon wieder in der italienischen Sonntagssalami vergraben.*

Denn jetzt, unter unserem lauten »Was soll das denn?«, wird plötzlich und gar nicht mehr schlaftrunken so was von Gas gegeben, bis sie durch die geöffnete Balkontür auf und davon ist.

Ich habe sie schon lachen hören. Ich schwöre, ich habe sie dabei schon lachen hören. Vielleicht hat sie draußen aber auch nur Bingo getroffen, der immer noch vor seinem toten Vogel saß.

Käse-Katze

Minka liebt Käse. Ja, genau so wie Sie habe ich auch beim ersten Mal geguckt. Was? Käse? Den fressen doch nur Mäuse. Nein, fast jede Katze liebt Käse, und zur völligen Unverständlichkeit mag meine den stinkendsten von allen am liebsten.** Eigentlich wollte ich eine kleine Ecke meines Lieblingskäses über den Tisch meiner Angebeteten rüberreichen. Meine Katze lag mal wieder auf dem Tisch – ich bin UNSCHULDIG –, setzte sich aber plötzlich auf. Sie roch an dem Käse und biss völlig unvermittelt rein. Damit hätte doch niemand gerechnet. Vielleicht hat sich ja im Alter ihr Geruchssinn zusammen mit Gedächtnis und Gehör verabschiedet.

Das eigentlich Unangenehme daran ist jetzt, dass wir Men-

---

* *Wussten Sie eigentlich, …*
dass die beste Zahnsteinprophylaxe für eine Katze Trockenfutter ist? Die harten Bestandteile funktionieren wie eine Zahnbürste und helfen somit, einer frühen Zahnsteinbildung vorzubeugen!
** *Wussten Sie eigentlich, …*
dass Katzen gerne Knoblauch fressen? Aber Vorsicht: Wie bei Zwiebeln kann es schnell zu gefährlichen Vergiftungen kommen.

schen uns nach dem Genuss von riechendem Käse die Zähne putzen oder einen Kaugummi kauen können, Minka das aber eben *nicht* kann. Sie roch den ganzen Tag aus der Schnauze nach Po.

Da liegt so eine süße, weiche, schnurrende Katze beim Sonntagsfilm auf Ihrem Bauch und riecht nach Po. Sie kommen vom Sonntagsspaziergang zurück, die Katze begrüßt Sie mit lautem Maunzen, der Flur riecht nach Po. Sie wachen nachts auf, die Katze liegt am Fußende, das Schlafzimmer riecht nach Po.

Ich esse bis heute keinen Käse mehr, wenn die Katze auch nur in der Nähe ist.

Der Chili-Torpedo

Ich habe ja nun schon einige Geschichten über das Mundraubverhalten meiner Katze aufgeschrieben. Hier kommt die letzte, aber auch die mit dem für Minka besten Lerneffekt.

Ich hatte mir damals in der Ausbildungszeit, als es mit der Bezahlung noch nicht ganz so gut aussah, abends des Öfteren Spaghetti gemacht. Günstig und gelingen immer. *Immer* Salamibrot war mir auch zu dröge. Außerdem gibt es endlose Möglichkeiten, verschiedene Saucen mit den gleichen Nudeln zu kombinieren, wodurch jedes Gericht irgendwie anders schmeckt.

Eines Abends waren aber alle diese Möglichkeiten ausgegangen. Spaghetti hatte ich noch, aber kein Pesto, keine Tomaten –, geschweige denn eine Bolognesesauce. Was ich noch fand, war eine große Flasche asiatische Sweet-Chili-Chicken-Soße mit kleinen Stückchen drin, die sehr scharf war, aber auch sehr lecker, und ich beschloss, dass sie sich auch als Nudelverfeinerung prima eignen würde. Gesagt, getan, es schmeckte tatsächlich wunderbar.

Das fand meine Katze auch. Ich habe wie immer auf dem Boden gegessen und ferngesehen. Danach bin ich einfach rückwärts ins Bett gefallen und eingeschlafen. Ja, ja, ich weiß, liebe Leserin, lieber Leser, aber es war schon spät, ein langer Tag gewesen, und sonst habe ich mir *immer* die Zähne geputzt.

Meine Nachlässigkeit muss Minka über Nacht ausgenutzt haben, denn als ich am Morgen aufwachte, entdeckte ich nicht nur den blitzblank leer geleckten Teller auf dem Boden, sondern auch eine merkwürdige, leicht rötliche Spur mit kleinen Stückchen, die sich quer durchs Zimmer bis in den Flur zog. Dort bot sich mir ein Bild, bei dem ich es extrem bedauerlich finde, keinen Fotoapparat zur Hand gehabt zu haben. Meine Katze robbte mit ihrem Hintern, die Hinterläufe gespreizt und sich mit den Vorderpfoten vorwärts ziehend über den Teppich. Ein wehleidiges Miauen unterstrich die Szene dramatisch.

Minka hatte sich also nachts über die Reste der scharfen Chili-Soße hergemacht und am Morgen gemerkt, dass das Zeug beim Passieren des Ausgangs höllisch brennen kann. Ich war natürlich mit ihr beim Arzt, der mir aber versicherte, dass das völlig ungefährlich sei. Als wir nach Hause kamen, ging *ich* dann auf die Toilette …

Ui!

Von Hippie- und Christoph Daum-Katzen

Ich würde meiner Katze nie Drogen geben. Zumindest keine illegalen. Muss man auch nicht. Es gibt legale Mittel, die Ihrer Katze so viel Spaß machen, dass Sie selber neidisch werden könnten. Und damit meine ich nicht Katzen-»Gras«!

Es gibt da zwei Präparate, die gegensätzlicher nicht sein können: Bei der sogenannten »Malzpaste« bekommt Ihre Katze, wenn sie sie Ihnen vom Finger schleckt, einen Gesichtsausdruck, als ob sie gerade stundenlang an 'nem Joint gezogen hätte. Und sie lächelt. Ja, sie lächelt doof. Versuchen Sie's!

Bei Baldrian oder noch besser Katzenminze – dem Koks der Katzen, wie ich finde – geht Ihr Tiger ab wie Christoph Daum in seinen besten Zeiten. Träufeln Sie ein paar Tropfen Baldrian auf ein Handtuch, und Ihre Katze wird sich in ebendieses Handtuch verlieben, als ob es nichts anderes auf der Welt mehr gäbe. Sie miaut, sie schreit, sie wälzt sich darin, kratzt und leckt daran herum.

Sie sollten das jetzt aber nicht zum Spaß auf Ihrem Hemd ausprobieren. Muschi erkennt Sie nämlich nicht wieder. In ihrer Welt existieren unter Baldrian nur noch sie selbst und die Liebe, die pure, reinste, aufopferndste und leidenschaftlichste Liebe. Da können Sie noch so laut Aua schreien, die Krallen in Ihrer Brust sind das Ergebnis reinster Lust und Hingabe – da wird nicht aufgehört!!!

Nachtisch
Nein, keine Schokolade. Keine Pastete. Keine Katzenminze. Ich!

Ich kam aus dem Badezimmer, frisch geduscht, aber völlig fertig nach einem langen Tag und hatte mich noch einmal kurz aufs Bett geworfen. Ich wollte nur kurz entspannen, bevor ich mich anziehen und wieder los musste. Natürlich bin ich eingeschlafen.

Als ich wieder wach wurde, hatte ich das Gefühl, dass eine dünne Wachsschicht meinen kompletten Rücken und die Beine bedeckte. Minka hatte mich von oben bis unten abgeleckt * – ich lag auf dem Bauch, das ist mir an dieser Stelle sehr wichtig zu erwähnen.

* *Wussten Sie eigentlich, ...*
dass Katzen nur bitter und sauer schmecken? Süß und salzig können sie nicht unterscheiden.

Minka war immer noch fröhlich dabei und schon bei meinem linken Ohrläppchen angekommen. Ich sprang entsetzt auf, sie leckte wie in Trance weiter in die Luft – so schnell kann man anscheinend nicht damit aufhören –, und ich duschte ein zweites Mal. Ich wechselte sofort das Duschgel, auf das sie ja anscheinend so scharf war.

Bis heute bin ich nie wieder nach dem Duschen eingeschlafen. Beim kleinsten Anzeichen von Müdigkeit schrecke ich sofort hoch und schaue mich schweißgebadet und panisch um. Minka tut so, als hätte sie nichts damit zu tun. Aber ich weiß ... sie wartet nur auf den richtigen Moment.

Astronautenfutter

Wenn Ihre Katze alt wird, nicht nur älter, sondern annähernd so alt wie meine, dann kommt sie irgendwann an den Punkt, an dem nicht mehr alles drinbleibt, was drinbleiben soll. Und das hat jetzt nichts mehr mit den Haarbüscheln zu tun. Nein, der Magen Ihres Lieblings macht langsam, aber sicher Zicken.

Jetzt haben Sie auf dem langen gemeinsamen Weg sicher die eine oder andere erprobte Technik entwickelt, wie Sie Katzenkotze wieder schnell sauber und unkompliziert von fast jedem Untergrund entfernen können. Mit zunehmendem Alter ändert sich aber nicht nur die Konsistenz in Richtung Wasserfall, nein, auch die Frequenz nimmt stark zu.

Spätestens wenn Sie zeitlich nicht mehr hinterherkommen, gehen Sie zum Tierarzt und fragen nach Behandlungsmöglichkeiten. So wie ich. Und Sie kriegen »Astronautenfutter«. Das ist kein Witz. Sie kriegen Vitamine, Proteine, Ballaststoffe und so weiter, konzentriert in einer Paste, die so aussieht und riecht wie Pastete. Katzen kriegen einfach immer, was sie wollen.

Man spricht hierbei deshalb von Astronautenfutter, weil ganz wenig viel bringt. Eine Dose reicht im Grunde für eine Woche. Hat der Arzt gesagt. Nicht bei Minka. Ein bis zwei Tage, höchstens.

Immer wenn ich sie damit füttere, stelle ich mir vor, wie sie als erste Katze in den Orbit rauscht und als Astrokatze den neuen Greifarm an der I. S. S. anbringt. Das könnte sie. Jetzt, wo sie schon das richtige Futter bekommt.

Katzengras

Ich weiß ja nicht, wie es mit Ihrer Katze ist, falls Sie eine haben, aber Minka hat es noch nie angerührt. Immer wieder habe ich das blöde Zeug gekauft und schön neben den Napf gestellt, gegossen und dann endlos wachsen lassen. Nix. Sie knabbert lieber an den Rosen, die ich der Liebsten mitgebracht habe. Oder sie kaut auf dem Ficus rum. Oder sie versucht die Plastikblumen von Oma.* Aber Ihr Katzengras? Niemals. Das wäre ja auch zu einfach.

-iskas

Ein(e) Kiwi hat gezwitschert, dass man schwer was auf die Pfoten kriegen kann, wenn man Schleichwerbung macht. Um diesem Vorwurf gar nicht erst ausgesetzt werden zu können und das auch ganz klar und von vornherein verhindern zu wollen, ich aber das große Sortiment der gängigen Katzenfuttersorten in diesem Kapitel nicht aussparen kann, habe ich die Produktnamen bis zur absoluten Unkenntlichkeit verändert.

-iskas hat Minka lange gefressen. Gekauft habe ich es immer bei -inimal. Wir hatten auch Versuche mit -ucki von -ldi, -ulia

> * **Wussten Sie eigentlich, ...**
> *was Ihre Katze nicht fressen darf?*
> *a. Rohes Schweinefleisch, da es gefährliche Viren enthalten kann.*
> *b. Zuckerhaltige Speisen, die zu Durchfall und Zerstörung der Zähne führen.*
> *c. Rohes Geflügelfleisch und roher Fisch bergen Salmonellengefahr. Durch den Fisch können Wurmeier übertragen werden.*
> *d. Geflügelknochen, da sie schnell splittern.*
> *e. Giftige Pflanzen natürlich!*

von -lus und -eba von -idl. Das hat ihr aber alles nicht so -ut -eschmeckt.

Dann kamen die teuren Sachen aus dem -achgeschäft -essnapf. Futter mit den wohlklingenden Namen wie -ukanuba, -ill's und -nimonda. Dort gab's keine -ekkies, nur -oyal- -anin. Kein -elix oder -itekat, sondern hochwertiges -ourmet oder -musy!

-inka -iebt -atzenmilch über alles!

-enn Sie -etzt alles -erstanden -aben, -ieber -eser, dann -ind Sie -ehr -ut und -achen -icher -erne -reuzworträtsel.

Ich -abe aber -eine -ust -ehr und -öre -ieber auf.

Mein -ott, ist -as eine -löde -acke. -ie von -er Aufsicht -aben -och einen an -er -affel …

DIE KATZE UNTERWEGS

Katzen sind ja grundsätzlich einiges: niedlich, verspielt, verschmust, durchgeknallt ... Aber ganz besonders oft sind Katzen »unterwegs«. Katzen lieben es, umherzustreifen und die Gegend zu erkunden. Dabei spielt es auch keine Rolle, ob diese Gegend aus den immer gleichen 31-Quadratmeter-Dachgeschosswohnungen besteht oder ob dem Pelztiger eine ganze WELT zur Verfügung steht. Jagen kann man sowohl fette Ratten als auch ein unglaublich gefährliches totes Blatt. Die Arbeit ist dieselbe.

Jede Katze schafft sich ihr Revier, verteidigt es vor unerlaubten Eindringlingen und bleibt dann dort. Dabei passieren ihr natürlich ständig Dinge, die wir uns in unseren kühnsten Träumen nicht mal annähernd vorstellen können.

Nun, tun wir deshalb doch mal für einen Moment so, als wären wir dabei. Stellen wir uns vor, wir hätten vier Pfoten, einen buschigen Schwanz, hießen Paul oder Rambo und könnten Mäuschen spielen – moment, das wäre vielleicht keine so gute Idee... Wie auch immer, begleiten wir jetzt Katzen, wenn sie unterwegs sind.

Busters Tagebuch

Meine Katze geht ja nicht raus. Meine Mutter hatte das damals so beschlossen. Minka sollte eine reine Wohnungskatze werden, und als ich dann auszog, da war es eh schon zu spät. Ich habe Jahre später mal versucht, mit Katzengeschirr und langer Leine, mit Minka im Garten vorsichtig spazieren zu gehen. Entweder sehen die Vögel von weiter unten aus wie Godzilla, oder Minka war total überfordert. Nach mehreren solcher Versuche habe ich das Projekt eingestellt.

Ein Tagebuch, so wie es gleich folgt, von meiner Katze schreiben zu lassen wäre also wahrscheinlich eher langweilig geworden. Zusammen genommen sind die Geschichten über sie in diesem Buch ja hoffentlich amüsant, aber nur ein einzelner Tag? Aufstehen, Fressen, Schlafen, Schnurren, Aufstehen, Fressen, Schlafen, Schnurren ...

Ich konnte hingegen Buster, den coolen Kater, dazu überreden, uns einen Einblick in seinen Tagesablauf zu gewähren. Also, ehrlich gesagt habe ich nur sein Tagebuch gefunden und hier einen Tag herausgenommen. Ich bitte die vielleicht etwas schwierig zu lesende Schrift zu entschuldigen. Aber haben Sie schon mal mit 'ner Pfote 'nen Stift gehalten? Eben. Falls Sie ihn treffen, verraten Sie mich nicht.

Der Tag einer Katze folgt übrigens einem ganz anderen Rhythmus als der eines Menschen ...

Liebes Tagebuch,

18:00 Uhr (sehr früh am Morgen)
Durch enorme Lärmbelästigung seitens des Zweibeiners unschön geweckt worden. Nachgesehen, was er nun wieder angestellt hat. Zweibeiner auf vier Beinen auf dem Küchenboden entdeckt. Sammelte Glasscherben ein. Vermutete eins meiner Futterschälchen hinter dem Chaos

und schrie Zweibeiner folgerichtig entsetzt an. Er reagierte angemessen ertappt. Ihn mit dem Arsch nicht mehr angeguckt und damit klargemacht, dass ich keine einzige Scherbe mehr sehen will, wenn ich wiederkomme. Nach Erziehungsmaßnahme wieder auf Couch gesprungen und weitergeschlafen.

19:30 Uhr (morgens)
Durch Streicheleinheit von Zweibeiner geweckt worden. Vermutete sofort schlechtes Gewissen wegen zerstörter Futterschale und ignorierte ihn konsequent.

19:31 Uhr
Eigenem Schnurrinstinkt erlegen und Zweibeiner verziehen. Anschließend das gute -iskas bekommen. Alles aufgegessen. Direkt im Anschluss aufs Klo gegangen. Sehr erfolgreich gewesen. Zweibeiner wurde offensichtlich immer noch von schlechtem Gewissen geplagt. Zeigte dies durch sofortiges Säubern meiner Toilette. So langsam habe ich ihn wohl fertig erzogen.

20:14 Uhr
Mit Vorbereitungen für Kontrollgang begonnen. Selbstbeleckung an linkem Hinterbein gestartet. Zweibeiner bereitet zeitgleich allmorgendliche Meditation vor. Stellt extragroße Schale Knirschkartoffelscheiben hin und schmiert sich rote Farbe auf die Krallen. Memo an mich selbst: Muss noch rauskriegen, warum nur die Zweibeiner mit den viel zu großen Zitzen das tun. Werde die Knirschkartoffelscheiben jetzt erst mal auf eventuelle Giftstoffe überprüfen.

20:15 Uhr
Scheiben eindeutig zu salzig und fettig, aber wohl nicht gefährlich. Mir ist nur schlecht. Warum mein Zweibeiner beim Krallenanmalen immer auf flimmernde große Scheibe starrt, werde ich nie verstehen. Zweibeiner eben. Mit meinen Säuberungsangelegenheiten fortgefahren.

21:30 Uhr
Beleckung kurzzeitig unterbrochen, um mit dem Zweibeiner zu spielen. Hat sich alberne bunte Plastikmaus an Faden gekauft und möchte wohl, dass ich hinter ihm herlaufe und Plastikmaus fange. Albern gefunden, aber ihm zuliebe fünf Minuten mitgemacht. Er hat ja sonst nichts im Leben. Habe Trick angewandt, um ihn von kindischem Spiel abzubringen: mit Plastikmaus im Mund auf Couch gesprungen und draufgelegt. Zweibeiner dadurch erheitert. Hat sich sofort wieder mit Meditation beschäftigt, und ich konnte weitermachen mit Schwanzsäuberung.

22:50 Uhr
Zweibeiner hat sich in große weiche Kiste gelegt und schnurrt leise. Kleinerer hektischer Zweibeiner gerade zur Tür reingekommen und sich dazu gelegt. Vermute ein Durchschlafen bis morgen beiderseits. Inzwischen fertig geworden mit Reinigung. Werde noch einmal aufs Klo gehen und mich dann an die Arbeit machen. Ich kann mir so ein Lotterleben, wie Zweibeiner es führen, schließlich nicht leisten.

23:10 Uhr
Alles vorbildlich erledigt. Zweibeiner geweckt, damit sie mich rauslassen. Dabei mal wieder Verständnis-

probleme gehabt. Fälschlicherweise neues Futter bekommen. Anstandshalber ein bisschen gegessen, dann aber vor Balkontür gesessen und penetrant laut gerufen. Einer der beiden begriff endlich, was er zu tun hatte. Rausgegangen und mit der Arbeit begonnen.

23:30 Uhr
Bisher alles ruhig in meinem Revier. Neuzugezogene Igelfamilie in Nachbargarten Willkommen geheißen. Danach doofen Junkie-Nachbarkater Fluffy getroffen und erzählt, Igel riechen nach Katzenminze. Kaputtgelacht beim Anblick von zerstochener Schnauze. Der Typ fällt jedes Mal drauf rein.

23:42 Uhr
Drei Gärten weiter überprüft, ob Goldfische noch vollzählig im Teich sind. Dort Bingo getroffen. Hunger bekommen. Goldfische sind jetzt nicht mehr vollzählig im Teich. Werde Haarbüschel von Fluffy dort deponieren. Mich wird man niemals erwischen!
Armer Bingo. Sitzt immer noch vor den Fischen und heult.

01:40 Uhr
Minka auf ihrem Balkon zugewunken. Erneut gewundert, wie unfassbar alt sie schon ist. Sieht noch gut aus, die Kleine. Mir angehört, was Minka in den letzten drei Tagen so alles erlebt hat. Sehr gelacht über die Chili-Saucen-Hintern-Rubbel-Geschichte.

03:20 Uhr
Minka gesagt, dass ich dringend weiter muss. Mich selbst ermahnt, dass ich niemals feste Freundin möchte. Gefahr für Trommelfell und Nerven einfach zu groß.

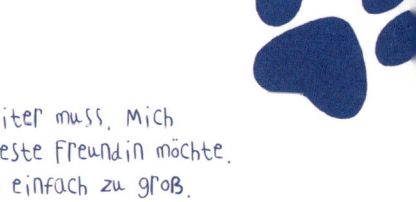

Minka schreit unglaublich. Claude mal fragen, ob er ein Hörgerät besorgen kann. Minka hat schon wieder vergessen, wer und wo sie ist. Identitätskrisen im Alter sind wirklich nicht schön. Nichts wie weg....

05:15 Uhr
Überraschend Pebles getroffen. Herzrasen bekommen. Pebles aus der Ferne bewundert. Keine hat buschigeren Schwanz und glänzenderes Fell als dieses Prachtstück. Fluffy wollte sich an Pebles ranmachen. Habe ihn selbstlos für sie verjagt. So ein Idiot. Ist nicht mal Zaungast in ihrer Liga! Als Dank teilte sie selbst erlegte Feldmaus mit mir. Häufigen Blickkontakt her-, und festgestellt. Vermute extremes Interesse an mir. Werde sie noch etwas hinhalten. Pebles geht sicher ab wie Schmitz' Katze. Als diese noch jünger war natürlich!

07:50 Uhr
Kurzen Abstecher zu Zweibeiner gemacht und an Fenster geschaart. Zweibeiner aufstehen und Balkontüre öffnen lassen. Einfach nicht reingegangen. Sollte nur Test sein. Und Zweibeiner-Verarsche, harhar.

08:05 Uhr
Erneuter Reviercheck. Dabei Krallen an Fahrradreifen von Zeitungsmann geschärft. Kratzbäume sind was für Loser. Fahrradreifen jetzt platter als zuvor. Zeitungsmann auch. Flucht ergriffen. An üblichen Stellen Revier markiert. Alles meins.

09:30 Uhr
Nach erfolgreich beendeter Arbeit heimgekommen. Wieder mal die Welt gerettet. Zweibeiner alles erzählt.

Zweibeiner haben tatsächlich den ganzen Tag verpennt und dafür wohl erneut vor, die Nacht durchzumachen. Auf Couch gesprungen. Todmüde eingeschlafen. Morgen ist schließlich auch noch ein Tag.

Tagebuch, »die Zweite«

Nachdem ich diese Geschichte zum ersten Mal gelesen hatte, fragte ich mich, wie *mein* Tag eigentlich aussehen würde, sollte ich mal die Chance bekommen, nur für einen Tag eine Katze, pardon, ein Kater zu sein?

9:30 Uhr
Aufgestanden und mich geleckt. Wollte ich immer schon mal machen und wissen, wie das ist. Wird überschätzt.

9:34 Uhr
Aus dem Bett gesprungen und ab ins Bad. Ach, nee, Zähne putzen, Duschen, Anziehen, der ganze Kram fällt ja flach. Geil.
Oh Gott, ich bin ja nackt!?

9:35 Uhr
Wieder beruhigt, ist ja Fell drüber.

10:02 Uhr
Das erste Haarbüschel meines Lebens erbrochen. Genau auf den Teppich. Konnte mich plötzlich nicht mehr bewegen. Jetzt wird mir einiges klar. Fühle mich deutlich besser.

11:35 Uhr
-iskas gefrühstückt. Oh, Mann. Ich will ein Schokocroissant und grünen Tee!

11:55 Uhr
Plötzlich extremes Jucken in allen vier Beinen. Musste einfach losrennen und hin und wieder laut brüllen. Hat genau fünf Minuten gedauert. Ein Heidenspaß! Jetzt hätte ich gerne so ein süßes, kleines Kätzchen zum ... Es stimmt!

13:20 Uhr
Rausgegangen. Hatte als Mensch vorausschauend die Balkontür offen stehen lassen.
Vom Schlag getroffen. Alles riecht so ... laut. In meinem Kopf kommen tausend Gerüche an, und ich weiß bei jeder Kleinigkeit, was es ist. Irre.
Im Garten gegenüber hat gerade ein Baby gefurzt. Das habe ich sogar <u>gehört</u>. Okay, es hat nicht <u>nur</u> Vorteile.

14:15 Uhr
Junge, hübsche Nachbarin Mitte zwanzig entdeckt. Hingelaufen, laut gemaunzt und um die schönen Beine gestrichen. Wurde von ihr kniend gestreichelt. Sofort auf den Rücken geworfen. Sie hat gelacht und weitergekrault. Der Himmel auf Erden!
Als sie sich wieder erhebt, immer zwischen ihre Beine gelaufen. Sie hatte einen kurzen Rock an. Das Paradies!

15:10 Uhr
Ratte gefangen. Weiß auch nicht, wie das passieren konnte. Hab sie nur gesehen, und im nächsten Augenblick lag sie tot und angekaut vor meinen Füßen, äh Pfoten.
Habe zum Test nochmal reingebissen. E-kel-haft!

16:45 Uhr
Bis in die höchste Baumkrone der Gegend geklettert. Spitzensache, das mit den Krallen. Hat nicht mal zehn

Sekunden gedauert. Sensationelle Aussicht!!! Ich bin der König der Weeeeeeelt.
Scheiße, ist das hoch.

17:55 Uhr
Von der Feuerwehr mit ihrer langen Leiter gerettet worden. Bei der Aktion den Feuerwehrmann komplett zerkratzt. War eigentlich ein lieber Kerl, hat aber so 'nen Spaß gemacht. Außerdem denkt er ja, ich hätte das aus Angst gemacht. Katze sein ist klasse.
Von Oma, die die Helfer in der Not gerufen hatte, fast erstickt worden. Bin einfach unterm Arm mit in ihre Wohnung getragen worden und musste eine ganze Schale Milch leer trinken.
Davon tierischen Durchfall bekommen. Katze sein kann auch blöd sein.

18:25 Uhr
Während des Durchfalls schnell nach Hause. Fies, so in der Gegend rumzumachen.

18:27 Uhr
Reingerannt und ab aufs Klo. Wie kriege ich denn den Deckel hoch? Ach so. Falsche Toilette. Ab aufs Katzenklo. Herr im Himmel, ist das ein Gestank.
Alles zugeschaufelt mit Katzenstreu. Die blöden Krümel kleben unter den Füßen wie Hölle. Trotz permanenten Ausschüttelns einige Steinchen mit ins Wohnzimmer geschleppt. Mist. Wenn ich wieder ich bin, kann ich schon wieder saugen.

19:38 Uhr
Bevor ich wieder Mensch bin, unbedingt mal Baldrian oder Katzenminze probieren. So billig komm ich nie wieder ...

19:39 Uhr
Aufgewacht. Als Mensch. Scheiße.
War auf der Couch eingeschlafen.
Buster ist schon draußen ...

Der schwunghafte Handel mit Halsbändern

Sicher kennt jeder das Phänomen, dass schwarze Socken in der Waschmaschine verschwinden. Man kann es nicht erklären, aber nach und nach werden die schwarzen, und nur die schwarzen, immer weniger.

Genauso unerklärlich ist die Tatsache, dass Katzen, vorwiegend Kater, nahezu regelmäßig ohne Halsband nach Hause kommen. Und die Dinger sind wichtig, vor allem wegen der daran befestigten Plakette, dem Ausweis einer Katze. In jeder Nachbarschaft gibt es den bösen Katzenfänger, der Tiere ohne Halsbänder kascht und entführt.

Meine Ex-Freundin und ich wohnten damals nicht zusammen, aber praktischerweise auch nicht weit voneinander entfernt. Was eigentlich perfekt ist, wenn ich es mir so recht überlege. Man kann sich jederzeit sehen. Man *muss* es aber nicht!

Ihr Kater – sie hatte übrigens zwei: der eine ist die dicke Diva* Claude und der andere die coole Sau Buster – ist genau solch ein Exemplar – die coole Sau jetzt. Alle, wirklich alle Varianten eines Halsbandes haben wir damals ausprobiert. Die normalen aus Leder mit Schnallenverschluss, drei Plastikbänder mit Druckknopf, fünf mit Reißverschluss, mindestens zehn

* *Wussten Sie eigentlich, ...*
dass die bisher wahrscheinlich schwerste Katze in Australien lebte und 23 Kilo wog?

dehnbare ganz ohne Verschluss, nur zwei Hanfbänder aus dem Batikladen, ein sehr teures mit Sicherheitskette von -ucci, unzählige Neonbänder, selbst gedrehte und zum Schluss sogar so ein vierteiliges Geschirr, das auch um den Bauch geschnallt wird. Alle weg!

Wie zum Teufel schafft es ein Kater – ein Tier ohne Arme und Daumen! –, sich all dieser Halsbänder zu entledigen? Und vor allem: Warum?

Wenn ihr Kater zu Hause war, war alles in perfekter Ordnung. Kein Maunzen, Zerren oder Kratzen am Hals, als Hinweis darauf, dass das blöde Ding vielleicht lästig ist. Aber kaum war er für 'ne Stunde draußen ... weg.

Ich habe dann irgendwann die Theorie entwickelt, dass Buster gemeinsam mit Claude, sie waren oft zusammen draußen, einen schwunghaften Handel mit Katzenhalsbändern betrieben. Ich stelle mir das so vor:

Die coole Sau Buster macht einen auf locker und doof und staubt immer wieder die neuen Halsbänder ab. Die dicke Diva Claude führt sie vor, knüpft die Verbindungen zu potenziellen

Käufern und ist eben die Tunte, die solche Sachen viel besser verkaufen kann.

Kaum draußen, treffen sich die beiden also an einem festen Ort, unter einem Busch vielleicht, der ihnen als Laden dient …

An einem bestimmten, perfekt dafür geformten Ast, an dem er sich die Dinger wie einen Pullover ausziehen kann, entledigt sich Buster schnellstens seines neuen Accessoires. Backstage türmen sich bereits die Modelle der letzten Kollektion, und die Mädels und Jungs aus der Gegend rennen den beiden die Bude ein. Claude empfängt alle näselnd mit einem Glas *Chatpagner* oder Mojito mit Katzenminze und eröffnet die Winterkollektion.

»Eute, meinö Liebön, der letztö Schrei, das große Miau aus Pari, ein Band von Kucci. Beeilön Sie sisch meinö Damön, wir aben nur ein einzigös Stück bekommön. Exklusivör geht es nischt. Und für den Abönd zu zweit, für ein kleinös Asch misch, ier unserö Corsaaage, die man um den Bauch schnallön kann. Trés chic.«

Die beiden verdienen sich dumm und dusselig, gezahlt wird sicher in Mäusen und bei ganz betuchten Arztkatzen vielleicht in fetten Ratten. »Die Corsaaage? Das macht dann sechs Rattön und zehn Mäus.«

Und dann kommen die beiden wieder nach Hause, wie immer teilnahmslos, müde, völlig harmlos und natürlich wieder ohne Halsband. Meine Ex-Freundin rief dann manchmal: »Wo wart ihr beiden Racker denn jetzt schon wieder? Und Buster, ach nein, wo ist denn dein neues Halsband schon wieder?«

Isch weiß ös.

Star Cats

Aber nicht nur die Katzen sind unterwegs. Wir Menschen ja auch, hin und wieder...

Und wenn Sie jetzt Ihren nächsten Urlaub planen müssten, wo würden Sie hinfahren? Holland? Mauritius? Südafrika? Falsch! Sie sind Katzenbesitzer, vielleicht auch noch in spe, aber Sie fahren gefälligst da hin, wo Sie sich wie zu Hause fühlen. Dahin, wo es Katzen gibt. Wo es besondere Katzen gibt! Ihre Fellwurst können Sie schließlich nicht mitnehmen, die bleibt schön bei Oma. Und kommen Sie mir jetzt nicht mit Reisekorb, Quarantäne und dem ganzen Blödsinn. Das verursacht nur Stress, und man macht es einfach nicht. Ihre Katze reist jeden Tag durch ihr Revier, da muss sie nicht auch noch Beruhigungsmittel schlucken und in ein Flugzeug. Macht sie eh nicht. Sobald Sie die Reise planen, kriegt sie das spitz und ist weg.

Wenn Sie einen Tipp brauchen, fliegen Sie nach Key West, das ist der südlichste Zipfel Amerikas – ein herrlicher Flecken Erde mit legendärem Sonnenuntergang. UND es gibt das Hemingway-Haus, in dem die berühmten Hemingway-Katzen wohnen. Noch heute! Was das Besondere daran ist? Nicht nur, dass es unglaublich viele sind, und nicht nur, dass viele der dort lebenden Katzen tatsächliche Nachkommen der treuen Begleiter Hemingways sind. Diese Katzen haben SECHS Zehen. Kein Scherz. Kein Witz. Kein doppelter Boden. Wenn Sie mir nicht glauben, schauen Sie im Internet nach. Außerdem war ich da. So!

Damit wurden wir empfangen und haben sofort begriffen, dass nach der Führung durchgezählt wird. Mist.

Die Dinger waren nämlich echt süß…

Die haben wir Hermes getauft.

Man kann auf meinen Fotos die sechs Zehen leider nur ganz schlecht erkennen. Die Hemingway-Katzen sind nämlich genau so zickig wie Min… alle anderen Katzen, eher noch mehr, und haben mir nicht ihre Pfoten zeigen wollen. Total arrogant die Viecher. Stars halt. Immer dasselbe.

Aber das Haus ist der Knaller. Klein, gemütlich und *voller* Katzen! Eine plüschiger als die andere. Hier …

Die hier nannten wir Otti

Dieses Foto ist ein bisschen unscharf geworden, sorry. Ich wollte das aber unbedingt noch hinkriegen, bevor sie abhaut. Die Panik habe ich immer in den Knochen wegen Shira.

Die Pummelchen hier waren aber eigentlich ganz ruhig. Richtig fotogen. Na ja, die waren ja auch nichts anderes gewöhnt. Die wurden den ganzen Tag geknipst, die kleinen Diven. Katzen in ihrem Element. Sie haben die komplette Aufmerksamkeit und bringen sich wie zufällig in Pose. Die machen das nicht extra, auf keinen Fall. Die sind überhaupt nicht an was anderem außer an sich selbst interessiert. Das passiert alles einfach so von selbst. Wie von Zauberhand…

Hermes schön drapiert. Verzeihung, zufällig perfekt aussehend.

Alles klar!

Dann gab's da noch einen besonderen Kater. Einen wunderschönen roten Kater, der genauso die Ruhe weg hatte wie Buster. Ernest. Wie sind die nur auf *den* Namen gekommen? Dieser Kater war der Star der Show. Na ja, was heißt Show? Er lag den ganzen Tag auf dem alten Bett von Hemingway und hat dann – wenn die doofen Zweibeiner kamen – was zu fressen bekommen und dafür seine Pfote mit ihren sechs Zehen gezeigt. Das war ein Deal! Und Schluss. Da war kein Betteln im Spiel, dieser Kater war nur so gnädig, die Hauptrolle in einem Stück zu spielen. Er hatte quasi ein Engagement. Und seine Künstlergage bestand eben aus kleinen Fischen. Was hätten Sie denn als Katze in Ihren Vertrag schreiben lassen? Rente auf Lebenszeit? Das war eh schon abgemacht. Als direkter Nachfahre darf Ernest bis an sein Lebensende unbehelligt und mit subventioniertem Futter im Haus bleiben. Und seine Verwandten und Kinder auch. Und deren Kinder auch und so weiter. Tolle Sache. Und Ernest sah wirklich klasse aus. Schauen Sie mal hier…

… 'tschuldigung. Das ist Paul und natürlich *nicht* Ernest. Das war das *falsche* Urlaubsbild. Jetzt aber…

… Verdammt … Moment … Ich hab's gleich …

… das darf ja wohl nicht, ähem …

… wo ist denn dieses blöde …?

… Mann, das wurde aber auch Zeit. Also *das* ist Ernest während der Vorstellung.

Und das während der Autogrammstunde.

Wir haben lange angestanden, aber schließlich eins bekommen.

Und da Sie ja immer nach Beweisen schreien, liebe Leserin, lieber Leser, hier ein kleiner. Der Urvater, der erste Kater mit sechs Zehen, hieß übrigens »Snoeshoes«.

Warum haben diese Katzen allerdings sechs Zehen? Und wofür soll das überhaupt gut sein? Das konnte mir keiner sagen. Hat außer mir auch keinen interessiert. Komisch, oder? Wofür braucht man sechs Zehen? Zum besseren Klettern? Spider-Cat!!! Nee.

Zum Posen! So sieht's aus …: »Hey Pussy, Six-Toe-Jo is in the town. Yeeees. Show me your tail, honey. And now, let's have a romantic mouse-dinner in the sunset.«

Am Abend war Ernest futsch. Der hatte zu tun.

So viel zu Cat West.

Und jetzt packen …*

* *Wussten Sie eigentlich, …*
dass 14 Prozent aller Katzenbesitzer ihrem Tiger aus dem Urlaub eine Karte schreiben?

WAS KATZEN ALLES KÖNNEN

Katzen können alles. Als Besitzer ist man versucht genau das zu denken. Wenn man seinen Liebling des Öfteren in Situationen erlebt hat, die jeder Beschreibung spotten, die einen mit offenstehendem Mund zurücklassen, dann kann man gar nicht umhin anzunehmen, dass Katzen, wenn sie nur wollen, *alles* auf die Kette kriegen.

Katzen fallen immer auf die Füße

Stimmt. Habe ich ausprobiert. Das *ist* so. Ob das auch mit dem Butterbrot zusammenhängt, das *immer* auf die Marmeladenseite fällt, weiß ich leider nicht. Hier spricht man ja davon, dass die Seite mit dem Aufstrich schwerer ist und deswegen immer zuerst unten ankommt. Aber Katzen haben doch nicht so schwere Füße, oder? Andere behaupten, dass die Anzahl der gemachten Umdrehungen beim Herunterfallen von genormten Tischhöhen eben immer die gleiche ist. Ich habe nicht jedes Mal mitgezählt, wenn Minka irgendwo heruntergeplumpst ist, aber das kann es doch wohl auch nicht sein. Das Rätsel bleibt also ungelöst, auch wenn mich die Lösung der Aufgabe schon früh beschäftigt hat.

Ich muss zu meiner Ehrenrettung gleich anmerken, dass ich

den folgend beschriebenen Versuch im zarten Alter von ungefähr zehn Jahren durchgeführt habe. Meiner Katze ist nichts passiert, sonst wär sie ja schließlich auch nicht so alt geworden.

Immer wenn Minka von irgendetwas herunterspringt oder unfreiwillig den Halt verliert, was ihr mit zunehmendem Alter immer häufiger passiert, dann landet sie auf ihren Pfoten. Das fand ich als kleiner Junge so faszinierend, dass ich das näher untersuchen wollte. Minka kam wie immer nichtsahnend in mein Kinderzimmer ...

Man beachte den Hinweis auf der Tür: »Bitte 3 x Klopfen.« So ein Schild hatten wir doch alle, oder? Im Flur, da wo die schwarze Tasche steht, ist Minka bei ihren verrückten fünf Minuten vor die Wand gedotzt.

... und schon habe ich sie mir geschnappt und mit ihr Folgendes probiert: Ich nahm sie hoch und hielt sie wie ein Baby, was Katzen gar nicht so gerne haben und was auch keine natürliche Haltung für diese Tiere ist. Das habe ich aber viel später erst erfahren, und deswegen ist das hier auch keine Anleitung zum

Nachmachen, sondern *nur* eine Erzählung! Dennoch setzte ich mich mit ihr so auf mein Bett und ließ sie, als sie wegspringen wollte, knapp über dem Bett los. Und tatsächlich. Obwohl sie nur ein paar Zentimeter Raum zur Verfügung gehabt hatte, bevor sie auf der Matratze aufkam, schaffte sie es, sich komplett auf den Bauch zu drehen und mit ihren vier Pfoten auf dem Bett zu landen. Faszinierend! Das fand ich *so* toll, dass ich das gleich vier, fünf Mal hintereinander mit ihr gemacht habe.

Wissen Sie, was Katzen noch besonders gut können? Einem zehnjährigen Jungen, der gerade unglaublichen Blödsinn mit ihnen anstellt, irgendwann, wenn es echt reicht, tierisch eine zu ballern. Mit allen Krallen. Einmal quer durchs Gesicht. Das Schlimme war nicht der Schmerz, den hatte ich verdient. Erinnern Sie sich noch an die Katze im Österreich-Urlaub? Das hier war *genau* dasselbe Gefühl wie damals.

Katzen können reden

Sie haben eine Katze? Dann werden Sie jetzt nicken. Sie haben noch keine und glauben es nicht? En doch! Es ist, wie ich es Ihnen sage.

Sie dürfen sich jetzt nicht vorstellen, dass Katzen vielleicht nur so vor sich hinbrabbeln oder maunzen, vergleichbar mit einem Baby, das die ersten Worte probiert zu sprechen. Diese Tiere haben eine komplette Sprache zur Verfügung, mit Subjekt, Prädikat, Objekt, Akkusativ und Plusquamperfekt. Nur eben anders zusammengebaut. Außerdem sind Tonhöhen und Betonungen in dieser Sprache viel wichtiger als die Wortwahl selbst. Wie bei den Chinesen. Das »Wie« ist entscheidend, nicht das »Was«.

Wenn Sie morgens aufstehen, werden Sie mit einem halbwegs freundlichen Miau begrüßt. Es sei denn, Sie haben zu lange geschlafen, dann ist es zwar auch ein Miau, aber es klingt deutlich vorwurfsvoller. Eine Katze kann Ihnen *ganz* deutlich klarmachen, dass ihr das, was gerade abläuft, überhaupt nicht in den Kram passt. So haben Minka und ich uns kennengelernt, wie Sie ja schon wissen. Sie rannte auf mich zu und brüllte mich an. Das macht sie heute auch, wenn das Futter nicht rechtzeitig hingestellt wird, ich mir nach drei Stunden Stillsitzen – weil sie auf meinem Schoß eingeschlafen ist – etwas zu trinken holen will oder zu spät nach Hause komme. Manche Männer haben 'ne fuchsteufelswilde, keifende Ehefrau, die schimpft, wenn sie erst morgens um drei wiederkommen. Ich hab 'ne Katze mit 'nem Nudelholz. So klingt es zumindest. Sie hat mich ganz gut im Griff.

Allerdings kann ich mich mit ihr auch wirklich unterhalten. Mir sagt man ja gerne, dass ich schnell und viel rede – darauf kann ich übrigens nur erwidern, wer viel zu sagen hat, *muss* schneller reden –, aber meine Katze steht dem in nichts nach. Die sabbelt den ganzen Tag, beschwert sich, meckert, begrüßt, träumt … und weiß, wann ich sie anspreche. Wenn ich ihr etwas sage, dann kommt *immer* ein Miau zurück. Ich kriege *immer* eine Antwort von ihr. Das kann man von Wiebke und Roger zum Beispiel nicht behaupten. Da vergeht schon mal gern ein halber Tag, bis zurückkommt: »Nein, bitte keinen Kaffee.«

Katzen reden sogar mit ihren Opfern. Sie müssen Ihre oder eine fremde Katze einmal beobachten, wenn sie ein potenzielles Opfer im Visier hat. Zum Beispiel so ein kleiner Vogel auf dem Baum gegenüber. Minka sitzt dann hinter der Fensterscheibe und duckt sich. Warum, weiß kein Mensch, der Vogel ist 30 Meter weit weg, und die Scheibe ist dazwischen, aber gut, sie duckt sich. Steht so im Katzen-Handbuch für Vogeljagd, dann wird das auch so gemacht.

Und jetzt wird auf den Vogel eingeredet. Stakkatohaft und in unregelmäßigen Abständen. Minkas Schnauze zuckt immer wieder leicht auf und zu. Dabei gibt sie Laute von sich – ganz leise natürlich, der Vogel darf ja nicht verschreckt werden …

30 Meter! – die wie eine Mischung klingen aus Quietschen und Meckern. Ich glaube, das ist eine Hypnoseformel, die sie immer wieder und wieder aufsagt, damit der Vogel ganz duselig wird und auf keinen Fall wegfliegen kann. Vielleicht sollte ich sie bei »The Next Uri Geller« als Mentalkünstlerin anmelden?

Ihr Blick weicht in der ganzen Zeit nicht von dem Vogel, auch Rufen oder Anstupsen kann sie nicht ablenken. Was die Hypnose-Theorie deutlich unterstreicht. Muss man da nicht auch unbedingt Blickkontakt zu seinen Opfern halten? Es ist schon oft passiert, dass, wenn ich sie doch ablenken konnte und sie aus ihrer Trance herausgerissen wurde, der Vogel in dem Moment abgehauen ist.

Ich melde sie an. Sofort.

Katzen können Türen aufmachen

Buster kann das. Der Kater meiner Ex-Freundin macht Ihnen jede Tür auf. Schade, dass er und Minka sich nie kennengelernt haben, dann hätte ich vielleicht meinen roten Ledersessel noch. Dieses Talent ist nämlich keine über das Erbmaterial weitergegebene Eigenschaft. Woher Buster das kann, wussten wir nicht. *Wir* haben es ihm jedenfalls *nicht* beigebracht. Wir würden den Teufel tun.

Was haben wir uns damals erschrocken, als wir gerade … also, als wir im Schlafzimmer … nun, wir haben … gelesen … … und plötzlich – KLACK! – springt die Tür auf, und ein cooler, roter Kater marschiert selbstverständlich herein, springt aufs Bett und pennt. Der hat sich noch nicht mal die Mühe gemacht, uns anzusehen, geschweige denn ein Wort zu sagen oder zu meckern, dass die Tür zu war. Nein, Buster hat sich selber geholfen und die Klinke benutzt, wie jede vernünftige Katze, die ins Schlafzimmer auf die weiche Decke und dösen will. Es war ihm auch völlig egal, dass wir gerade ge… lesen haben. Wir haben unglaublich laut gelacht und dann weitergemacht. Wir haben uns gedacht, soll er doch durchgeschüttelt werden, bis der Arzt kommt. Dann wird er schon von ganz allein verschwinden.

Falsch vermutet. Katzen liegen einfach überall rum. Remember? Und gehen auch nicht weg. Davon gibt es allerdings kein Foto, und wenn, würde ich es Ihnen hier sicher nicht zeigen. Ein Film wäre sowieso viel lustiger. Buster auf hoher See und bei starkem Wellengang …

Wir haben dann im Wohnzimmer weitergemacht. Auch mal schön! Bis Claude dazukam.

Katzen können haaren

Katzen verteilen nicht nur Katzenstreu in Ihrer Wohnung, sondern auch ihre Haare. Das ist nun wirklich ein alter Hut, und das wissen auch alle. Jeder Katzenbesitzer findet überall einzelne Fellhaare und muss regelmäßig saugen. Sie auch, oder? Sie als Katzenmitbewohner haben auch eine Fusselbürste, eine Kleberolle oder so einen mit rotem Samt bespannten Griff von Oma, mit dem man blöderweise nur in eine Richtung streichen darf. Was Sie auch schon oft falsch gemacht haben, als Sie, wie immer schon viel zu spät dran – die Beerdigung fing in 'ner Dreiviertelstunde an –, nochmal kurz mit dem Ding über den schwarzen Anzug gebürstet haben. Und der letzte Strich, der ging in die falsche Richtung. Scheiße, wieder von vorn. Denn es geht hier nicht um ein paar Fussel, die verschwinden sollen. Ihre Katze hat sich des Nachts leider Ihren Anzug als Nachtquartier ausgesucht. Der riecht nach Ihnen, ist schön weich, und außerdem lag er auf *ihrem* Lieblingsplatz, dem roten Ledersessel neben dem Bett. Und jetzt müssen Sie, weil das in Ihrem Zeitplan nicht vorgesehen war, wie ein Geisteskranker in letzter Sekunde die Hinweise auf eine Katze und vermeintlich mangelnde Hygiene schnell beseitigen. Wie sehe das aber auch aus, in der Kirche? Alles heult, alles schluchzt, alle tragen reines Schwarz, und mittendrin sitzt der Yeti? Das geht doch nicht.

Dieses Problem kennt jeder, der eine Katze oder vielleicht auch eine Freundin mit langen Haaren hat. Schlimm ist aber nicht die Tatsache, *dass* überall Haare auftauchen, sondern *wo*! Ich habe Ihnen zwei Hilfslisten gemacht, wo Katzenhaare normalerweise auftauchen und wo sie im Grunde niemals auftauchen sollten!*

Wo Sie Haare vermuten können und meistens leider auch finden

1. Auf Ihrem neuen schwarzen Armani-Pullover.
2. In der Suppe. »Herr Ober …!?«
3. In Ihrer Kaffeetasse.
4. Zusammen mit einem Schleimpfropfen auf Ihrem einzigen Teppich.
5. In der Obstschale, die Sie seit zehn Jahren das erste Mal wieder aus der hintersten Ecke Ihres Geschirrschrankes hervorkramen.
6. Wenn Sie über vierzig und männlich sind, wahrscheinlich immer weniger auf Ihrem Kopf.
7. Auf Ihrer Katze.
8. Im Fellkragen Ihres neuen Anoraks. Wenn er sehr billig war und aus China kommt.
9. Tief in Ihrem Bronchial-System. Ganz blöd für Allergiker.
10. Einfach Ü-BER-ALL!!!!! AAHHHHH!!!!!!!!!!!!!!!!!!!

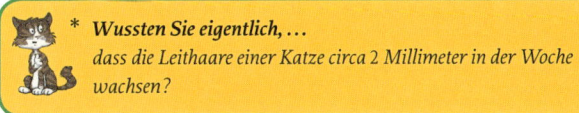

* *Wussten Sie eigentlich, …*
dass die Leithaare einer Katze circa 2 *Millimeter in der Woche wachsen?*

Wo Sie Haare besser niemals finden sollten

1. In Ihrer Unterhose. Macht 'nen schlechten Eindruck.
2. Im Auge. Aua.
3. Beim Knutschen im Mund.
4. In derselben Situation in Ihrem Mund. Dann hat sie auch 'ne Katze. Nichts wie weg.
5. Im Kond… Das reibt teuflisch.
6. Im vakuumversiegelten Zentrifugalbeschleuniger (gilt nur, falls Sie Atomphysiker sind).
7. Im Sarg des toten Onkels, zu dessen Beerdigung Sie zu spät gekommen sind. Denn dann haben Sie es *doch* nicht geschafft, alle Haare zu erwischen.
8. In der Schnauze des Rottweilers Ihres Nachbarn.
9. Im Käfig von Moritz, dem Papagei Ihrer Großmutter.
10. Auf dem Reifenprofil Ihres Sportwagens.

Katzen können einen umstimmen

Sie haben sich felsenfest vorgenommen, diesmal hart zu bleiben. Diesmal darf sie nicht auf die neue Couch. Sie haben Ihr erstes Nicht-Ikea-Sofa ja gerade erst abgeholt, aufgestellt und bewundert. Die Folie liegt noch im Flur. Und die Katze ist schon im Anmarsch. Nein, *diesmal* nicht. Schließlich musste das alte ja auch weg, weil überall Fäden rausgezogen, auf der Rückseite praktische Luftschlitze eingeritzt waren und die Lehnen aussahen wie frisch gepierct, nur ohne Ringe.

DIESMAL nicht. So süß und gemütlich es auch ist, wenn man abends gemeinsam vor dem Fernseher sitzt und zusammen guckt und schnurrt. DIESMAL NICHT! Aber dann guckt sie so.*

* *Wussten Sie eigentlich, …*
dass Katzen im Verhältnis zur eigenen Körpergröße die größten Augen aller Säugetiere haben?

Sie macht gar nichts. Sie guckt nur. Jetzt meckert sie nicht, jetzt mosert sie nicht, sie macht auch nicht das Mit-dem-Arsch-nicht-mehr-Angucken. Sie guckt. Schluss. Und Sie sind der größte Arsch unter der Sonne.

Ihre Freunde kommen, alle sitzen gemütlich auf der Couch und lachen und freuen sich. Die Katze sitzt daneben und guckt. Und die Freunde gucken plötzlich auch.
»Warum darf die süße, kleine Mieze denn nicht auf die Couch?«
»Hey, man kann doch mal fünfe gerade sein lassen, oder bist du wirklich so spießig geworden?«
»Die schnurrt doch nur und will ein bisschen kuscheln.«
»Mann, bist du kalt.«
Sie sind der Arsch.

Ihre Freundin ist da, und Sie knutschen auf Ihrer neuen Couch. Plötzlich stimmt was nicht, Sie haben so ein Ziehen im Nacken. Erraten. Die Katze sitzt daneben und guckt.
»Och, wie süß. Komm doch hoch!«
»…«
»Wieso denn nicht? Darf ich dann auch irgendwann nicht mehr ins Bett, wenn ich zu viel gekrümelt habe, oder was?«
Sie sind der Arsch.

Ihre Mutter ist da. Zu Kaffee und Kuchen. Man sitzt auf der gemütlichen, stolz präsentierten, neuen Couch, und die Mutter klopft zur Aufforderung auf die Sitzfläche. Denn die Katze sitzt daneben und guckt.
»Warum denn nicht? Bei uns durfte sie das doch auch immer. Wie soll sie das denn wissen, dass sie das jetzt nicht mehr darf? Und warum auch? Wenn dir das zu viel Arbeit macht, mit dem Saubermachen von dem Ding, dann mach ich das und komm vorbei.«

Alles, nur das nicht.
Sie sind der Arsch.

Das hält doch keiner aus! Irgendwann geben Sie nach, DOCH, auch Sie! Und nur ein knappes Jahr später sitzt die gleiche Mutter auf der gleichen Couch, die jetzt schon ganz anders anmutet, und bemerkt: »Mensch, Sohn, die hast du doch gerade erst neu. Und guck mal, wie die schon aussieht. Du musst mit deinen Sachen aber besser umgehen. So habe ich dir das aber nicht beigebracht.«

Und die Katze liegt neben Ihnen und guckt weg.
Und Sie sind der Arsch.

Katzen können schmusen

Darin macht ihnen sicher kein anderes Lebewesen etwas vor. Eine Katze könnte in diesem Fach promovieren. Sie könnte ihren Doktor in Schmusen machen.* Sie kennt schließlich endlos viele verschiedene Techniken.

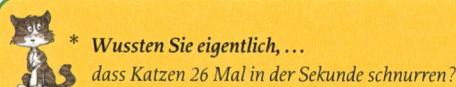

* *Wussten Sie eigentlich, …*
  dass Katzen 26 Mal in der Sekunde schnurren?

Hier die wichtigsten, mit der Bezweckung gleich daneben:

1. Um die Beine streichen.
   Hunger oder Begrüßung. Nein, nur Hunger.

2. Auf Ihren Bauch legen.
   Nah sein und schlafen.

3. Auf Ihren Rücken legen.
   Dasselbe, man kann nur nicht mehr aufstehen.

4. An Ihre Beine legen.
   Wenn Sie unbedingt auf der Seite liegen müssen. Bitte schön.

5. Auf den Hals legen.
   Ihren Atem spüren. Oder Sie umbringen. Wie lange kennen Sie Ihre Katze schon?

6. Auf den Schoß legen, wenn Sie gerade aufstehen wollen.
   Sie ärgern. Ganz sicher.

7. An Ihren Haaren lecken.*
   Sie haben ein neues Shampoo. Mit Baldrianextrakt? Oder: Wenn Sie eine weibliche Katze haben, dann hält sie Sie für ihr Junges und macht Sie sauber. Duschen wäre auch 'ne Lösung.

8. An Ihren Fingern lecken.
   Fischbrötchen?

9. Sich mit dem Kopf an Ihrem Kopf reiben. Nein, ich muss mich auch bücken!
   Begrüßung. Kumpelbezeugung. Freund! Minka übertreibt immer. Aua.

10. Am Türrahmen reiben.
    Das gilt auch Ihnen. Ist nur 'ne Übersprungshandlung, weil Ihr Kopf gerade nicht verfügbar ist.

* *Wussten Sie eigentlich, …*
dass das Sichputzen ein Zeichen für Wohlbefinden ist? Ihre Katze drückt damit aus, dass es ihr gutgeht.

Katzen können all das, was Menschen auch können

Es gibt Katzen, die *halten* sich für Menschen. Wie Claude. Die kleine, dicke Tunte springt nicht nur gerne in Badewannen, sie hält sich auch sonst gerne im Bad auf. Das Schöne an Klischees ist, dass sie oft bestätigt werden.

Claude geht aber noch einen Schritt weiter. Er geht auf die Toilette. Nein, ich meine nicht das Katzenklo, ich meine die normale Menschentoilette. Neunundneunzig von hundert Lesern werden jetzt mit dem Kopf schütteln und sagen, das hat er doch erfunden. Aber einer – einer wird wissend lächeln und verfolgen, was er schon kennt. Einige wenige Katzen springen nämlich auf die Toilettenbrille und machen von dort ihr Geschäft. Sogar in die richtige Richtung. Aber auch hier setzt Claude noch einen drauf. Er benutzt danach die Spülung! Doch!!!

Und als ob das noch nicht genug wäre, hat Buster sich das abgeguckt. Allerdings nutzt er die Spülung nicht für sein Geschäft. Das macht er lieber draußen, wenn keiner zuschauen kann. Sie verstehen. Er springt ins Waschbecken, betätigt von hier aus den Hebel, indem er sich mit beiden Pfoten drauf stellt, hüpft dann auf den Boden, um sofort wieder auf den Toilettenrand zu springen. Und dann trinkt er. Aus dem Klo. Es ist eklig, und wir haben immer versucht, ihm das abzugewöhnen. Immerhin zieht er vorher ab! Er scheint also schon mal schlechte Erfahrungen gemacht zu haben.

Wer allerdings immer den Deckel oben gelassen hat, das haben wir nicht rausgefunden. Sicher *auch* Claude. Der ist schließlich fast ein Mensch.

Katzen können weg sein

Was steht man nicht für Ängste aus. Mal ehrlich, wie oft schon haben Sie als Katzenbesitzer vor Ihrem inneren Auge Ihren plattgefahrenen Schössling mitten auf der A3 liegen sehen? Jedes Mal, wenn er nicht, wie sonst auch, nach Hause kam. Ja, man kann Mama Rettig immer besser verstehen.

Mit Minka kann mir das nicht passieren? Bei einer reinen Hauskatze ist das nicht möglich, weil sie ja eh nur drinnen ist? Denkste. Ich habe meine dämliche Katze schon mal einen ganzen Tag und eine halbe Nacht gesucht, bis ich halb wahnsinnig geworden bin. Zettel habe ich in der Nachbarschaft angebracht, Belohnungen ausgesprochen, Freunde gebeten, mir bei der Suche zu helfen. Stundenlang sind wir durch die Gegend gelaufen und haben nach ihr gerufen. Bis mir eingefallen ist, dass sie uns ja sowieso nicht hören kann. Ich war halt zu aufgeregt. Wo sie letztendlich gewesen war, traut man sich fast nicht zu schreiben.

Im Bett. Ich *hatte* dort nachgesehen. Hundertprozentig. Die doofe Kuh hat sich aber auch nicht bemerkbar gemacht, als ich alles umgedreht habe. Sie war in die Innenseite des Spannbettlakens am Fußende gekrochen und lag nicht etwa auf der Matratze, sondern daneben, wie in einer Hängematte, an der Seite. Sehr gemütlich. Ich setzte mich mitten in der Nacht völlig entnervt und traurig auf mein Bett, da wühlte sie sich aus ihrer Höhle, guckte mich verpennt an, maunzte heiser und wackelte in die Küche. Ohne Worte.

Katzen können aber auch wirklich weg sein. Es muss ja nicht weit sein. Klaus, der den Eltern meiner Ex gehört, war verschwunden. Tagelang. Wochenlang. Monatelang. Die Zettelaktion hatte nichts gebracht, die Tierheime hatten nichts gefunden, und alle hatten die Hoffnung schon fast aufgegeben. Bis eine ältere Dame – man kann ruhig Oma sagen –, die drei Häuser weiter wohnte, im Supermarkt von ihrer Mimi schwärmte. Die Kleine sei so süß und kratze immer an der Scheibe. Außerdem würde sie unglaublich laut miauen, aber durch ihr Hörgerät könne sie das ja abfangen. Sie kümmere sich liebevoll um das kleine Kätzchen – sie habe ja sonst niemanden mehr –, hätte ihr eine Schüssel Milch hingestellt* und würde aufpassen, dass Mimi, wie Klaus jetzt hieß, nicht rauslaufe und womöglich von einem Lastwagen überfahren werden könnte. Wir hörten das, fragten kurz nach Einzelheiten: Fellfarbe, Zeichnung, Größe, Weihnachtsmütze – kleiner Scherz –, und als wir sicher waren, da brachten wir die ältere Dame nach Hause, nahmen Mimi-Klaus wieder mit und waren der Oma sehr, sehr BÖSE!!!

Egal, wie alt man ist. Das darf doch wohl nicht wahr sein. Wir haben ihr dann 'ne eigene Katze aus dem Tierheim vermittelt. 'Ne ganz alte. Ich glaube, die beiden leben immer noch.**

Katzen können da sein

Sie sind traurig, und niemand ist da außer Ihrer Katze? Sie sitzen auf dem Bett und weinen, und wer kommt zu Ihnen und tröstet Sie, weil er das irgendwie mitkriegt? Ihr kleiner, sensibler Stubentiger.

Quatsch. Minka hat das noch nie gemacht. Als ich geweint habe, weil ich das erste Mal unglaublich unglücklich verliebt war, da saß Minka in der Küche vor ihrem Napf und hat Brekkies, ach, -ekkies zerbissen.

Ein anderes Mal habe ich mit Tränen in den Augen – ich durfte nicht mit auf Klassenfahrt, ich hatte Mumps – und mit 'nem -ewa in der Hand darauf gewartet, dass sie nach ewigem Würgen endlich kotzt, damit ich das wegmachen kann. *Das* ist die wirkliche Wahrheit.

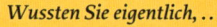

> * *Wussten Sie eigentlich, ...*
> dass Katzen keine Kuhmilch trinken dürfen? Diese enthält Laktose, den Katzen fehlt aber das Verdauungsenzym Laktase, das notwendig ist, um die Laktose aufspalten und verdauen zu können. Es gibt jedoch spezielle Katzenmilch zu kaufen.
>
> ** *Wussten Sie eigentlich, ...*
> dass Katzen nie auf elektrischen Heizdecken liegen?

Katzen kommen nicht extra an, wenn Sie traurig sind. Das kriegen die gar nicht mit. Vielleicht mal zufällig, aber Katzen haben keinen Traurigkeitsdetektor eingebaut – Bzzzz, bzzzz, bzzzz –, der sofort Alarm schlägt: »Achtung, dein Mensch ist traurig. Lauf zu ihm hin und leck ihn wieder fröhlich.«

Lassen Sie sich so einen Quatsch nicht von überromantischen Pseudo-Experten einreden.

Katzen müssen auch gar nicht kommen, denn sie sind ja schon da! Das reicht. Sie weiß es nicht, aber das macht es ja so bedingungslos. Es passiert einfach. Wenn Sie traurig sind und machen gerade das Katzenklo sauber oder wischen aufgequollene, vorverdaute -ekkies auf, dann halten Sie einen Moment inne. Schauen Sie, wie Ihre Katze vor dem Fenster liegt und sich putzt. Oder wie sie schon wieder verbotenerweise auf Ihrem Bett liegt und döst. Oder wie sie sich im Garten wie eine Irre mit dem Rücken auf dem Rasen wälzt. Oder wie sie ihre verrückten fünf Minuten bekommt. Oder, oder, oder ...

Darum geht es. Sie ist da. Und es gibt nichts, was alles um Sie herum besser relativiert. Und Sie werden lächeln. Ich weiß es. Ich tue es auch immer.

WAS KATZEN SO MACHEN

Was macht eine Katze eigentlich den ganzen Tag? Wo treibt sie sich herum, während wir arbeiten? Liegen Katzen wirklich nur faul in der Sonne und ruhen sich aus, von den nächtlichen Abenteuern, wie sie uns Menschen immer weismachen wollen? Mitnichten …

Wenn wir Menschen endlich aus dem Haus sind, vollzieht sich ein noch nie beobachteter Wandel. Dies hier sind geheime Fotos, die eigentlich nie an die Öffentlichkeit hätten dringen dürfen. Nur unter Einsatz meines Lebens und vieler Morddrohungen, unterschrieben mit blutigen Pfoten, konnte ich diese Geschichte festhalten und veröffentlichen.

Illumikatzi

Morgens geht zum Beispiel Claude erst mal ins Bad, dort wird sich mit Wasser und Seife gewaschen und danach die Zähne geputzt, ganz so wie wir das tun. Das mit der Fell-Leckerei ist nur Show für die Menschen, damit die was zum Bestaunen und Süß-Finden haben. Katzen und Wasserscheu ... Pah!

Allerdings kann die morgendliche Reinigung mit den Utensilien der Menschen ganz schön anstrengend sein. Da muss man sich hin und wieder auch gleich mal ein bisschen ausruhen.

Nach der Morgentoilette muss die erste Reise geplant werden. Sie, lieber Leser, werden jetzt sicher denken, dass Katzen den ganzen Tag durch ihr Revier schleichen und Mäuse jagen.

Oh, nein! Katzen reisen um die ganze Welt. Sie reisen mal eben nach Südamerika und besuchen ihre Verwandten, sie fliegen auf die Seychellen, Fische fangen, oder sie fahren nach China zum Survival-Training. Wie sie das machen?

Katzen, ja auch Ihre, haben einen Trick entwickelt, der so perfekt, so unscheinbar und undurchschaubar ist, dass es Sie aus den Socken hauen wird. Katzen verschicken sich selbst. Per UPS-Express!*

 * Wussten Sie eigentlich, ...
dass in Amerika einmal eine Katze 2500 km gelaufen ist, um ihren Menschen wiederzufinden?

Wenn man dann aber nach langer Reise wieder zu Hause angekommen ist, dann muss man sich natürlich erst einmal erholen. Und wobei geht das am besten? Genau, beim Fernsehgucken. Und was schauen sich Katzen am liebsten an? Natürlich Tiersendungen. Nein, nein, nicht die ganzen Zoo-Formate, die permanent und in allen Sendern gezeigt werden. Es gibt doch auch ›Deutschland sucht den Superstar‹ für Tiere. ›Top Dogs‹ …

Gut, so eine Sendung ist natürlich viel zu peinlich, als dass man da als Katze selber mitmachen würde. Deshalb überlässt man die Mitwirkung der sowieso unglaublich peinlichen, anderen Fraktion der Haustiere: den Hunden. Die freuen sich über alles. Selbst wenn sie doof zurechtgemacht werden, 'ne Schleife ins Haar bekommen und Männchen machen sollen. Hauptsache das Herrchen lacht, und die kriegen 'ne Wurst. Ist das erniedrigend!

Wenn man sich dann genug über die Sendung aufgeregt und sich fremdgeschämt hat, dann macht man sich fertig für den Abend. Es gibt immer einen Skatabend, einen Theaterbesuch oder am Ende des Jahres eine große Weihnachtsfeier mit allen Freunden aus der Nachbarschaft. Da ist zum Beispiel der coole Buster, der die Idee mit den Weihnachtsmannmützen nicht so klasse fand, aber immerhin mitgemacht hat.

Dann gab's da noch Klaus, der schon total bekifft war und das mit der Mütze gar nicht mehr so richtig mitbekommen hat.

Claude hatte von dem ganzen Eierlikör schon früh die Lampe an und war weg. War aber 'ne Riesenparty!!!

Und Claude am nächsten Tag zu nichts mehr zu gebrauchen ...

Natürlich ist das nur eine Geschichte von vielen. Jede Katze in der Nachbarschaft verfolgt ihre eigenen Ziele, Wünsche und hat ihren eigenen Tagesablauf. Da ist schon mal der eine oder andere dabei, der mehr aus seinem Leben machen will als saufen, reisen und fernsehgucken ...

Pinky träumt von einer Karriere als Superheld. Und keiner traut sich, ihm zu sagen, dass das mit seinem Übergewicht nicht klappen wird. Pinky hält fest an seiner Vision und kommt schon mal zu Versammlungen im neuen Outfit.

Dann gibt es da noch Mr. Jim. Er arbeitet nachts als Croupier in einem *Catsino*, wovon seine Besitzer aber nichts wissen. Er besteht darauf, dass das geheim bleibt. Er möchte nicht, dass sie sich Sorgen machen oder Zweifel an seiner Integrität bekommen.

Dann wäre da noch Yussuf zu erwähnen, der erst seit kurzem in die Nachbarschaft gezogen ist. Niemand weiß genau, was er macht, aber er ist immer ausgesprochen höflich und lieb zu den Kindern.

Genauso wie Herr Kitler aus dem Haus gegenüber. Sehr zuvorkommend und distinguiert.

Zwei Sportler sind auch dabei …

… der eine ist der Leader einer Volleyballmanschaft …

Und der andere …

… Chef der ersten Cats-Rugby-United!
Die haben sogar Cheerleader.
Nur einer aus dem Viertel macht allen Kummer …

… Fluffy, gerne auch John Lennon genannt.
Fluffy weiß mit seiner Zeit überhaupt nichts anzufangen. Er ist in den 60ern hängengeblieben, als er sich im Verlauf seines Geschichtsstudiums mit dieser Zeit beschäftigt hat. Böse Zungen behaupten, dass er seine wahre Identität verheimlicht und ein Hase ist. Sind aber nur Gerüchte.

Fluffy ist jetzt zusammen mit Pebles, die genauso verpeilt ist wie er selber. Der Sex soll spitze sein. Fluffy soll rammeln wie ein junger Gott. Die beiden passen auch besser zusammen als sie und Buster.

Tja, lieber Leser, wenn Sie schon eine Katze haben, bleiben Sie nachts mal wach oder heimlich zu Hause und beobachten Sie Ihren Tiger. Sie werden Augen machen! Und bitte schicken Sie mir Ihre Fotos und Beweismittel. Die SOKO-Katze interessiert das alles brennend.

So, und jetzt hab ich Lust auf ein Comic. Sie auch? Dann mal los …

Supercat

Jetzt denken Sie sicher, nun kann nichts mehr kommen. Wir wissen Bescheid. Wir wissen, was Katzen hinter unserem Rücken tun. Falsch. Das war nur ein kleiner Ausflug in eine spannende Parallelwelt. Nur ein flüchtiger Blick durch das Schlüsselloch, das Aufblitzen einer Ahnung …

Können Sie sich noch an den scheinbar schizophrenen Superkater erinnern? Alle hat er an der Nase herumgeführt. ALLE. Es *gibt* noch Helden. Nur nicht immer da, wo wir sie vermuten …

Es war ein ganz normaler Tag im Leben von Supercat alias Pinky. Seine Menschen hatten ihm diesen Namen gegeben. Doof, aber er erfüllte seinen Zweck. Alles nur Tarnung.

Sein Supergehör hatte ihn aus dem Schlaf gerissen. Mal wieder würde das abendliche Waschritual kürzer ausfallen müssen. Kurz mit der Pfote über beide Ohren und einmal über den Schwanz geleckt, dann stürzte er los.

Ein weit entferntes Schluchzen eines Kindes hatte Supercats Sinne Alarm schlagen lassen. Mit einem beherzten, zielsicheren Sprung katapultierte er sich durch die gekippte Balkontür einer durchschnittlichen, aber gemütlichen Menschenwohnung im Kölner Süden und flog wie der Blitz über alle Dächer hinweg. Zu allem entschlossen war er auf dem Weg zum Ort des möglichen Verbrechens. Was für Normalsterbliche gar nicht wahrzunehmen war, nahm in Supercats Supergehör immer deutlichere Formen an. Hier schrie ein Menschenkind, so laut es konnte. Er legte einen Zahn zu, mobilisierte alle seine Kräfte und raste mit dreifacher Schallgeschwindigkeit weiter …

Das Schreien und Weinen wurde lauter. Und verzweifelter. Supercat machte sich Sorgen. Was, wenn er zu spät käme? Würde er sich das jemals verzeihen? Die Kinderstimme dröhnte mittlerweile wie ein Presslufthammer in seinen Ohren. Er musste bald da sein.

Gegen elf Uhr abends sauste also ein rot-grau-weiß getigerter Blitz durch Häuserschluchten, unter Brücken hindurch und über Parkanlagen hinweg durch die vom Mond erhellte Nacht.

Gleich. Gleich … Nur noch um die eine Ecke, dann bin ich da, dachte Supercat. Und wirklich. Gerade noch rechtzeitig haute er die Bremse in allen vier Pfoten rein und kam mit einem jähen Stopp vor einem kleinen süßen Mädchen in einem »Hello Kitty«-Nachthemd zum Stehen.

Es saß mit angezogenen Beinen auf dem kalten Betonboden und hatte die kleinen Händchen vor das Gesicht geschlagen. Supercats Schnurrbarthaare, die wie hochsensible Antennen wahlweise für Gefühlsstimmungen, Außentemperaturmessung, Ultraschallabtastung oder als Bewegungsmelder arbeiteten, warnten ihn sofort. Nur wovor?

»Miau?«, erkundigte er sich nach dem Befinden des kleinen Menschenkindes. Doch das Mädchen reagierte nicht. Supercat, der seine Tarnung natürlich nicht riskieren konnte, rieb mit seinem Kopf, ganz der süße Schmusekater, an ihrem Bein. Was war denn nur mit ihr geschehen? Und was war mit seinen Sinnen los? Alle Alarmglocken bimmelten gleichzeitig, aber warum?

Nach einiger Zeit löste sich das Mädchen aus seiner Haltung, entdeckte den Kater und hörte auf zu weinen. Ja, sogar ein kleines Lächeln huschte über sein tränennasses Gesicht.

»Na, du süßes Kätzchen, kommst du, um mich zu trösten, weil ich mich verlaufen habe?«

Kater, dachte er. Supercat war ein Kater. Aber egal. Wenn es half. Es gab jetzt Wichtigeres.

Anscheinend war es ein normaler, kleiner Rettungseinsatz. Tränenreich, aber harmlos. Jetzt musste nur noch ausfindig gemacht werden, wo das Mädchen wohnte, und schon würden aus Tränenbächen Lachfältchen, und alle lägen sich wieder in den Armen. Das machte er nicht zum ersten Mal. Es war zwar nichts Spektakuläres, keine heroische Rettung der Welt in letzter Sekunde durch den sensationellen unübertroffenen Supercat, aber immerhin eine gute Tat. Das übliche Tagewerk eines Superhelden eben. Sonst wurden Katzen von Menschen aus Baumkronen gerettet, hier half eben der Kater dem Menschen nach Hause. Auch mal schön.

Supercat stupste mit seiner Nase gegen den Bauch dieses niedlichen, wohl sicher unfreiwilligen Nachtschwärmers. Er hatte mit seinem Röntgenblick sofort entdeckt, dass das Mädchen einen Brustbeutel unter seinem Hemdchen trug. Daran erinnerte es sich nun und zog den Beutel hervor. Unter einer durchsichtigen Plastikhülle konnte man deutlich folgenden Text lesen: »Wenn Sie, lieber Retter, gerade ein kleines Mädchen gefunden haben, dann bringen Sie sie bitte in die Robert-Koch-Straße 33. Sie erhalten eine großzügige Belohnung. Elisabeth ist Schlafwandlerin und schafft es immer wieder, alle Sicherheitsmaßnahmen zu umgehen. Bitte bringen Sie sie uns zurück! Tausend Dank. Die gerade wahrscheinlich sehr verzweifelten Eltern.«

Supercat biss in Elisabeths Hemdsaum und zerrte sie in die richtige Richtung. Sie fing an zu lachen und folgte ihm, ohne sich zu wehren.
»Du bist ein schlaues Kätzchen. Du weißt sogar, wo wir lang müssen. Ich glaube, ich nenne dich Priscilla.«
Ein Kater. Er war ein Kater!

Es war nicht weit. Drei Straßen, vier Mal Abbiegen und achttausend Mal Streicheln später – das Leben eines Superhelden kann sehr anstrengend sein – erreichten sie die angegebene Adresse. Es war ein recht hübsches Einfamilien-Reihenhaus. Elisabeth klingelte, und »Priscilla« wartete brav sitzend und sich zur Tarnung leckend neben ihr.
Die Tür wurde drei Sekunden später aufgerissen. Eine völlig aufgelöste Mutter stürmte heraus, umarmte unter Tränen ihre

vermisste Tochter und schaute sich um, trat einen Schritt weiter auf den Gehweg und wendete sich in alle Richtungen.

»Wer hat dich denn nach Hause gebracht, Lis?«, fragte sie die Kleine.

»Priscilla«, antwortete sie und zeigte dabei auf Pinky.

»Die Katze hier?«

Er gab auf.

Viele ungläubige Blicke, das war er schon gewöhnt, und zwei gutgemeinte Milchschüsselchen später, lag er schnurrend auf dem Schoß von Elisabeth. Sein Job war getan. Alle glücklich und zufrieden. Bis auf seine Kopfschmerzen. Supercat ignorierte sie und freute sich schon auf eine entspannende Mäusejagd vor dem Schlafengehen. Nichts wie los …

Doch es war zu spät. Die Mutter war keine Mutter und das Mädchen kein Mädchen gewesen. Mit einem herzlosen, eiskalten Griff und unmenschlicher Kraft packte »Elisabeth« Supercat würgend am Hals. Sofort aktivierte er seine gesamte Superkraft, aber hier war nichts zu machen. Der Angriff kam zu plötzlich. Warum hatte er auch nicht auf seine Intuition vertraut? Was nützte sie ihm, wenn er sie nicht ernst nahm, verdammt nochmal?

In Sekundenbruchteilen verbarrikadierte eine Stahlverkleidung Fenster und Haustür, und es wurde für einen kurzen Augenblick stockfinster. Die elektrische Beleuchtung sprang automatisch an; fiese, kalte Neonlampen erhellten nun den Raum.

Das Mädchen hatte plötzlich gar keinen Gesichtsausdruck mehr. Da, wo vorher noch ein süßes, unschuldiges Lächeln zu sehen gewesen war, war nun absolute Leere. Der Griff um seinen Hals aber ließ keinen Millimeter nach.

»Jetzt haben wir dich endlich, Supercat«, ertönte eine dröhnende, blecherne Stimme über versteckte Lautsprecher.

»Wie lange haben wir darauf gewartet, dich endlich in die Finger zu bekommen.«

Supercat wartete noch ab, er hatte sich wieder gefangen und seine Gedanken geordnet. Aber er wollte erst herausfinden, mit wem er es zu tun hatte, bevor er zum Gegenschlag ausholte. Ein Zischen war zu hören, der Schreibtisch fuhr nach oben, und aus dem Boden glitt ein mit rotem Leder bepolsterter Aufzug, in dem ein kleiner, schwarzer Schatten mit riesigen Ohren in einem Sessel saß. Die Stimme, die Supercat jetzt natürlich besser hören konnte, kannte er nur allzu gut.

»Damit hast du wohl nicht gerechnet, was? *Die* Falle hast du nicht gerochen!«

Mickey Mouse!

Dieser Schurke vom Planeten Disney, dieses abstoßendste aller Nagetiere, das Hunderte Verbindungsmäuse auf der ganzen Welt hatte, das alle kleinen Mädchen und Jungs mit seiner Fistelstimme in Hypnose versetzen konnte und damit einen riesigen Zeichentrick-Konzern und ein immenses Vermögen hatte aufbauen können, hatte seine Drohungen tatsächlich wahr gemacht.

»Tja, Supercat, ich habe einen Hilfloses-Mädchen-Köder ausgeworfen – täuschend echt, nicht wahr? – und ihn mit Kraft ausgestattet, die selbst für dich bemerkenswert sein dürfte. Ich wusste, dass du nicht widerstehen könntest. Schade, dass du nicht zum Trösten an ihren Tränen geleckt hast, ich hatte mir solche Mühe mit der Salzsäure gegeben. Dann eben später. Hi hi hi.«

Das Mutter-Ding, das die ganze Zeit völlig reglos in der Ecke gestanden hatte, fing plötzlich an zu zucken. Immer heftiger wurden die Bewegungen, bis »sie« sich schließlich hin und her schmiss, laut röchelte und dann mit einer Hand unter ihr Kinn griff. Tief grub sie ihre Finger in die Haut, die hoffentlich nur aus Gummi bestand, und riss sich die Maske nach hinten vom Gesicht. Zuerst klappte eine riesige Schnauze nach vorn, und dann war klar, wer sich darunter versteckt hatte.

Goofy!

Für die Kinder immer der Tollpatschige und Liebenswerte, zeigte er jetzt hier, im Schutz der Mauern, sein wahres Gesicht. Er holte tief Luft, sabberte, geiferte, brabbelte vor sich hin und ging stark vornübergebeugt mit hängenden Schultern. Doof grinsend näherte er sich Supercat und schnupperte an ihm herum.

»Goofy nimmt nur schon mal die Witterung auf, falls du uns abhandenkommst. Dann finden wir dich schneller.« Mouse lachte böse und siegessicher.

Dann drückte er auf einen seiner beiden Hosenknöpfe, und unter leisem Summen baute sich ein hellblau schimmerndes Kraftfeld um Supercat auf. Das »Mädchen« drückte noch ein bisschen fester zu. Erst als sie ganz eingeschlossen waren, ließ es los und stakste aus dem durchsichtigen Gefängnis. Anscheinend war es ihr durch einen technischen Trick möglich, im Gegensatz zu unserem Helden.

»Was willst du von mir, du hinterhältiger Käsefresser?«, fragte der Gefangene.

»Es kann reden! Du liebe Katze, das hat aber gedauert.«

»Was willst du?« Das Geplänkel gehörte leider immer zum Spiel.

»Nun ... Ich will alle Mäuse dieses Planeten mitnehmen, die Katzen sterben daraufhin an Langeweile, und die Menschen folgen schnell aus ähnlichem Grund. Ohne ihre Haustiere, ohne ihre putzigen Freunde« – Mouse spuckte angewidert aus – »verzweifeln sie doch und werden sich ihres sinnlosen Lebens bewusst. So lösche ich erst alle Katzen und dann das ganze erbärmliche Leben auf diesem Planeten aus.

Das wär's schon. Ach, nein, deinen qualvollen Tod, den du unter Schreien herbeisehnen wirst, den ziehen wir natürlich vor.«

Ja, ja, ja, immer das Gleiche mit den Bösewichtern.

Jetzt fing das Mädchen an zu röcheln, griff sich an den Hals und zerrte an seinem Gesicht. Als die Maske runter war, kam ein weiterer Schurke zum Vorschein.

Duffy Duck!

»Bist du nicht sonst mit 'ner anderen Ente unterwegs, Mouse? Und gehört Duffy nicht zu 'nem anderen Verein?«

»Donald ist bei unseren Vorbereitungen leider draufgegangen. Er sollte inkognito unter euch Katzen leben und Informationen sammeln. Wir haben ihn auch unbemerkt einschleusen können, aber leider hat der Idiot irgendwann den Schnabel aufgemacht. Und wenn Donald versucht zu sprechen, klingt das leider nicht nach Miauen. Pech.

So musste ich mir natürlich einen neuen Partner suchen. Aber Ente ist schließlich gleich Ente. Verstehen kann man sie alle schlecht.«

»Wath willtht du eigentlich, du Thuperdoofmann?«, lispelte Duffy und spuckte dabei in Supercats Gesicht.

»Bugth Bunny ging mir eben auf den Thack. Der hat doch den Arsch auf. Ständig hat der mich alth blöd hingethtellt, aber thelbtht ith er natürlich der tolle intelligente liebe Hathe. Diether Wixther. Ich durfte nie thagen, wath ich denke.«

»Und bei Mr. Segelohren Mouse darfst du das? Mit dem eigenständigen Denken sieht's aber doch eh schlecht aus, oder Duffy?«

»Wie meintht du dath denn?«

Dafür war jetzt wirklich keine Zeit. Ein Fluchtplan musste her. Sie hatten ihn nicht gefesselt. Sie wussten sicher, dass keine Ketten der Welt seiner Kraft standhalten konnten. Sie waren sich aber sicher, dass er nicht in der Lage sein würde, aus diesem Kraftfeld auszubrechen. Aber vielleicht hatten sie da die Rechnung ohne Pinky gemacht. Vielleicht gab es doch eine Möglichkeit. Das Kraftfeld umgab ihn von allen Seiten, auch unter seinen Füßen. Wenn er sich aber schnell genug im Kreis drehte, bis er zu einer Art Wirbelsturm mutierte, so schnell wie die Lichtgeschwindigkeit, dann würde das Kraftfeld sicher nach innen gezogen und letztendlich kollabieren. Das war sein Plan. Jetzt musste er nur noch den richtigen Augenblick abwarten.

»Wath meintht du mit dem, wath du gerade gethagt hatht, Fellkotther? Warum…?«

»Lass ihn, Duffy. Wir kümmern uns später um ihn. Goofy, mach die Einsatzzentrale klar, und alle Mäuse auf ihre Posten. Sofort!«

Goofy hinkte zu einem alten Bild an der Wand, auf dem eine Safari dargestellt war, bei der offenbar Dutzende von Tigern, Löwen und Panthern erschossen und zu einem riesigen Haufen aufeinandergeworfen worden sind. Er klappte es zur Seite, und dahinter, in der Wand eingelassen, war nun ein einziger, riesiger Hebel zu sehen. Die Promenadenmischung aus Hund und etwas Undefinierbarem zog ihn nach unten. Wenn das Zischen des Aufzugs eben laut gewesen war, dann kam das Geräusch jetzt dem Starten eines Düsenjets gleich. Überall zischte und ruckelte es. Dämpfe pfiffen aus allen Ritzen. Knarren, Rasseln, Quietschen, alles dröhnte durcheinander und fing an sich zu bewegen. Das ganze Zimmer, wahrscheinlich sogar das ganze Haus, begann sich zu bewegen. Was war denn jetzt los? Das konnte doch nicht…

»Falls dein Plan, auszubrechen, den du dir sicher schon sinnloserweise überlegt hast, noch ein bisschen Zeit hat, dann warte noch einen Moment, Supercat. Solch ein Spektakel wirst du so schnell nicht wieder geboten bekommen.«

Die überhebliche Maus hatte recht. Supercat war neugierig geworden.

Der Fußboden öffnete sich an endlos vielen Stellen, und Pulte mit zahllosen Knöpfen, Bildschirmen und technischen Geräten aller Art kamen zum Vorschein. Der Wandteppich schob sich zur Seite, und ein riesiges Fenster gab den Blick auf den Hinterhof frei. Die Stühle rutschten wie von Zauberhand an die Pulte, und der rote Ledersessel aus dem Aufzug fuhr mit dem diabolisch grinsenden Mickey Mouse genau in die Mitte des Raumes und drehte sich zum Fenster. Alles erstarrte wieder, und jetzt erkannte Supercat, was geschehen war. Das war kein Wohnzimmer mehr. Das war die Kommandozentrale eines Raumschiffes!

Mouse war der Captain, Duffy der Navigator und Goofy so was wie die Mannschaft.

»Jettht geth loth!!!«, brüllte Duffy wie wahnsinnig. Supercat hatte ihn nie leiden können.

Doofy gluckste blöd in der Gegend rum, wie er es immer macht, und drückte an seinem Pult eine Menge bunter Knöpfe. Es sah so aus, als würde er die Auswahl rein zufällig treffen, aber nun spürte Supercat ein Vibrieren, das durch seinen ganzen Körper ging. Ein Erdbeben? Nein, der Countdown wurde von Duffy über ein Mikrophon laut in jeden Winkel des Haus-Raumschiffes getragen.

»Then – Neun – Acht – Thieben – Thechth – Fünf – Vier – Drei – Thwei – Einth ... Take Off!!!«*

Supercat hatte es nicht glauben wollen, aber seine Befürchtungen wurden noch übertroffen. Das Haus hob unter riesigem Getöse ab. Vor dem großen Fenster sah er, wie der Boden unter ihnen zurückblieb. Ach du liebes Herrchen.

Mouse stand mittlerweile auf der Brücke der Kommando-

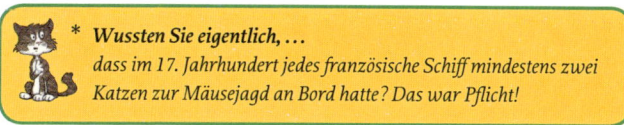

* *Wussten Sie eigentlich, ...*
dass im 17. Jahrhundert jedes französische Schiff mindestens zwei Katzen zur Mäusejagd an Bord hatte? Das war Pflicht!

zentrale vor dem großen Fenster, das keines mehr war. Es handelte sich wohl eher um einen Bildschirm, der alle möglichen Informationen an den Seiten auflistete. In der Mitte wechselte die Ansicht mal nach unten zum Abflugort, mal nach oben in Flugrichtung, dann zu den Seiten.

Und DAS alles hatte Supercat nicht geahnt?
 Doch, hatte er, er hatte es nur nicht ernst genommen.
 Er war ein Versager. Ein Niemand.
 Ein Superheld? Einen Superhelden zeichnet aus, dass er Unmögliches möglich macht, dass er alle Gefahren voraussahnt und zu verhindern weiß. Ein Superheld verlässt sich auf seine Superkräfte, setzt sie zum Wohle der anderen ein, denkt nie an sich selbst, ist immer wachsam. Und er? Er hatte vor lauter Stolz vergessen, das Offensichtliche in Frage zu stellen. Kurzum, es war wohl Zeit aufzuhören. Er war nicht würdig, diese Aufgabe zu erfüllen. Sollte es doch ein anderer machen.

»Na! Supercat? Hast du die Aussichtslosigkeit deiner Situation akzeptiert?«, piepste Mouse. Triumphierend und im Siegesrausch drehte er sich zu ihm um. In seinen Augen spiegelte sich der pure Hass auf alles und der wahnsinnige Durst nach absoluter Macht wider.
 »Die Erde wird untergehen. Und du darfst zusehen. Du hast sogar einen Logenplatz. Darf ich mal Ihre Eintrittskarte sehen?«
 Er versuchte zu lachen wie Kater Karlo. Das ging aber in die Hose. Es klang eher wie das Quietschen einer Gummiente, ließ einem aber trotzdem, oder vielleicht auch gerade deswegen, einen Schauer über den Rücken laufen.
 Das Raumschiff vom Planeten Disney hatte deutlich an Höhe gewonnen, und die Erde begann sich schon an den Rändern zu krümmen. Sie mussten bald in der Atmosphäre sein.

»Captain Mouse, die Black Wing II hat Kontakt zu uns aufgenommen und bittet um Audienz.«

Goofy sabberte zwar, sah aus wie Quasimodo und lachte sein dämliches, nerviges Lachen in jeder freien Minute, aber dumm war er deswegen wohl doch nicht.

»Auf den Schirm«, befahl Mouse.

»Seid gegrüßt, Imperator Mouse. Es ist alles bereit. Ihr müsst nur den Befehl geben.«

Auf dem Schirm erschien jemand, mit dem Supercat niemals gerechnet hätte. Das konnte doch alles nicht wahr sein! Er? Was für eine Verschwörung war denn hier im Gange. ER half dabei, die Menschheit zu verraten? Unser Superheld starrte mit offener Schnauze in die Augen von Batman.

»Wie kannst du nur? Was hat er mit dir gemacht?«, schrie Supercat.

»Oh, wen haben wir denn da? Mein allseits geschätzter Kollege. Wer sich den ganzen Tag am Arsch leckt, sollte den Bagger nicht so weit aufreißen, findest du nicht? Du mit deinem Gut-Katzen-Getue gehst mir schon seit Jahren auf die Nüsse. Wegen dir müssen wir alle die Vorzeigepuppen für das Gute spielen. Ich hab die Schnauze voll. Und außerdem, hast du dir meinen Namen mal genau überlegt?«

Batman. Die FlederMAUS.

Mein Gott, konnte der Plan wirklich schon so lange ...

»Ja, Supercat, ja. Von Anfang an habe ich ein doppeltes Spiel gespielt. Ich war nie ein *guter* Superheld. Ich war einfach nur ein Mensch, der diesen Planeten mit seiner Unvollkommenheit satt- und das Genie dieser Maus sofort erkannt hatte. Er erklärte mir seinen Plan und ließ mir die Wahl, als einziger Mensch zu überleben und dafür an seinem Plan mitzuarbeiten oder mit allen anderen elendig zu krepieren. Was hättest du gemacht? Ach, blöde Frage. Ich Dummerchen. Du hättest dich natürlich heroisch geopfert.«

»Ja, ich hätte Mouse ausgeschaltet.«

»Wie langweilig.«

Der Imperator mit den großen Ohren mischte sich ein.

»Verzeihung, die Herren, dass ich störe, aber ich habe eine Welt zu vernichten. Sie erlauben?«

In hohem Bogen flog er mit einem seiner vier weiß behandschuhten Finger durch die Luft und drückte schließlich einen großen, roten Knopf auf der Armlehne seines Ledersessels.

Entgeistert wurde Supercat nun Zeuge, was dort unten auf der Erde geschah. Verteilt über den ganzen Planeten lösten sich riesige Blöcke unter immensen Staubwolken aus ihrem Untergrund. Die meisten hatten Löcher, andere liefen spitz zu wie Kuchenstücke, wieder andere sahen aus, als würden sie gleich auseinanderfließen. Aber alle waren gigantisch groß.

Und sahen aus wie Käse. Gouda, Harzer Roller, Butter- und Schimmelkäse, Gorgonzola, Hüttenkäse. Jede Sorte war irgendwo zu erkennen.

»Dath thind unthere Kätheschiffe. Völlig unbemerkt und thothuthagen über Nacht haben wir alle Mäuthe angelockt und in den Raumgleitern aufgenommen«, lispelte Duffy.

»Und gleichzeitig riechen meine Landsleute jetzt den gesamten Heimflug den Duft des Paradieses. Das macht die lange Reise sicher erträglicher. Du siehst, Supercat, ich habe an alles gedacht. Kommen wir zu deinem längst überfälligen Ableben …«

Nein. So durfte es nicht enden. Die Welt war in Gefahr, und er war die einzige Katze, Verzeihung, der einzige Kater, der überhaupt wusste, was hier los war, und etwas unternehmen konnte. Der Zeitpunkt zum Handeln war gekommen.

Wie geplant, begann Supercat sich plötzlich zu drehen. Immer schneller, bis er spürte, dass sich der Raum um ihn zu krümmen begann. Es funktionierte!

»Was macht er denn jetzt? Schon wahnsinnig geworden, was? Das wäre aber schade. Dann wäre der Spaß ja schon vorbei.«

Mouse lachte. Noch …

Plötzlich ging alles sehr schnell. Superschnell sozusagen. Das Kraftfeld, das Supercat gefangen gehalten hatte, kollabierte wie erwartet. Für das mäusliche Auge kaum wahrnehmbar flitzte er zum Kommandosessel und schlug auf den roten Knopf. Kurzes gespanntes Innehalten.

Es änderte sich nichts. Zumindest nicht auf der Erde. Auf der Brücke schon.

Goofy löste Alarm aus, der sofort losschrillte. Mouse flitzte an Supercat vorbei in seinen Sessel, der blitzschnell im Boden versank und über dem sich der Boden sofort wieder schloss. Um den konnte er sich später kümmern.

Duffy zückte seine Strahlenpistole. Er ballerte einfach drauflos.

»Ich krieg dich, du scheith Mäuthemörder! Auf diethe Chanthe habe ich die ganthe Theit nur gewartet, du Muschi-Penner.«

Gott thei dank... – *Verzeihung* – Gott sei Dank, war Duffy weitaus dämlicher als Goofy. Supercat musste nur an die Orte springen, die getroffen werden sollten, und dann ausweichen. Duffy schoss alle Pulte und Instrumente in Grund und Boden. Goofy wollte noch dazwischengehen, aber es war schon zu spät.

»Noch dreißig Sekunden bis zur Selbstzerstörung!«, verkündete eine fiepsende Computerstimme über die Lautsprecher, wohl die von Minni Maus. Daraufhin folgte »Pieps – pieps – pieps...«. Jedes Mäuse-Piepen bedeutete eine weitere vergangene Sekunde bis zum Ende des Countdowns. Es klang wie Musik in Supercats Ohren.

Dennoch, ein Blick aus der Seitenluke des Reihenhaus-Raumschiffes zeigte, dass die Käseschiffe keineswegs ihre Flugbahn änderten, ja nicht einmal ihre Fahrt verlangsamten. Er musste wohl selbst dafür sorgen und schnellstens hier raus.

»Pieps – pieps – pieps.« Noch fünfzehn Sekunden.

Goofy und Duffy stürzten sich mit lautem Gebrüll und Gesabbere auf unseren Helden.

»Du Thafthack. Du elender Pelthterroritht. Du widerliche...«

Supercat hatte genug von der Spielerei. Er würgte blitzschnell einige Haarbüschel hoch und schleuderte sie auf Duffys Strahlenkanone, die ihm dadurch aus der Hand gerissen wurde. Dieser war so verdutzt, dass er einen Moment nicht wusste, was er tun sollte, und abrupt stehen blieb. Goofy stolperte über die so plötzlich stoppende Ente, beide rutschten auf den herumliegenden, schleimigen Haarknäueln aus und gingen zu Boden. In Bruchteilen von Sekunden waren sie mit gebogenen Eisenstangen, die durch Duffys Ballerei herumlagen, aneinandergefesselt.

»Pieps – pieps – pieps.« Noch zehn Sekunden.

»Du Thuperspinner. Du hinterhältige Thau. Du Schwanthlecker... Mach unth thofort wieder loth... ...« Duffy kreischte hysterisch, und Goofy lachte nur noch doof, was die Ente noch mehr auf die Palme brachte.

Doch für diesen Spaß war keine Zeit. Das Schicksal der Erde wartete nicht. Und Mouse auch nicht!

Supercat schleuderte die beiden Helfer in eine Rettungskapsel, drückte auf den Auslöser, und die beiden wurden herauskatapultiert.

»Pieps – pieps – pieps...« Fünf – Vier – Drei...

Ein Ruck ging durch das Schiff, und draußen konnte Supercat ein kleines schwarzes Rettungsschiff in Form eines großen Kopfes mit zwei riesigen Segelohren in Richtung Unendlichkeit starten sehen. Mouse wollte sich verpissen.

Supercat reckte die rechte Faust nach oben, hob ab und durchstieß einfach die Wände des Reihenhauses. Für seine Superkatzenlungen war das Vakuum des Universums kein Problem.

»PIEPS!!!« Das Raumschiff explodierte mit einem entsetzlich lauten Knall.

Er wollte dem fliehenden Verbrecher folgen, besann sich aber eines Besseren. Mit Lichtgeschwindigkeit raste er von Käseschiff zu Käseschiff, zerstörte jeweils die Hälfte der Antriebsraketen mit seinem Laserblick, und als er sah, dass deren Kraft der Erdanziehung nicht weiter trotzen konnten, sie zur Erde zurückfielen und wieder landen mussten, machte er sich an die Verfolgung des schlimmsten Widersachers, der ihm in seinem Leben wohl begegnen würde.

Mouse hatte schon auf doppelte Lichtgeschwindigkeit beschleunigt und wollte bald die nächste Stufe zünden, um auf Nimmerwiedersehen zu verschwinden. Doch da hatte er die Rechnung ohne unseren Helden gemacht. Unter Aufbietung all seiner Kraft holte der ihn am Rande unseres Sonnensystems ein, schlug seine Krallen in die Ohren des Mauskopfraumschiffes, drehte es in die entgegengesetzte Richtung und flog mit ihm zur Erde zurück. Mouse fluchte, zog alle Hebel, versuchte mit Zusatzaggregaten und immenser Hitze aus den Heckraketen Supercat zu verbrennen, aber der lachte nur. Nichts davon konnte ihm etwas anhaben.

Auf der Erde wieder angekommen landete Supercat mit dem mittlerweile ausgebrannten Schiff in einem abgelegenen Waldstück. Mouse schimpfte zwar müde, war aber durch seinen offensichtlich vereitelten Plan so geknickt, dass sein Widerstand gebrochen war. Ohne große Probleme ließ er sich mit Supercats Halsband fesseln und der Katzenjustiz übergeben. Die Katzenkanzlerin Angelina, eine reinrassige Merkel, dankte ihm und versicherte, dass der schlimmste Verbrecher aller Zeiten für immer in einem Tragekorb gefangen gehalten werden würde. Die Gefahr war gebannt.

Supercat horchte in sich hinein. Seine innere Uhr, die immer auf die Zehntelsekunde genau ging, sagte ihm, dass es höchste Zeit war, nach Hause zu gehen. Seine Menschen würden ihn sonst vermissen und vielleicht auf irgendeine Art misstrauisch werden. Und das wollte er auf keinen Fall riskieren.

Im wahrsten Sinne des Wortes sauste Supercat schnell wie der Blitz im Morgengrauen Richtung Köln und erreichte gerade noch rechtzeitig die Wohnung seiner Menschen. Die Balkontür stand schon offen, sie waren wach. Er hetzte ins Schlafzimmer, sprang auf das Bett und rollte sich keinen Augenblick zu früh ein.

»Guten Morgen, du Schlafmütze! Aufstehen, oder willst du den ganzen Tag verschlafen? Ach ja, ihr Katzen, keine Sorgen, keine Probleme. So gut wie du möchte ich es auch mal haben.«

»Pinky« streckte sich und dachte: Ach, Mensch, du hast ja keine Ahnung.

Und außerdem ... ein Kater! Ich bin ein Kater, Herrgott nochmal!

KRANKE KATZEN

»Was ein richtiges Katzenbuch sein will, das muss sich in mindestens einem Kapitel mit Katzenkrankheiten beschäftigen.«

Das hat meine Schwester gesagt, das hat der Verlag gesagt, das haben mir ALLE gesagt, und darum habe ich mich dann hingesetzt und überlegt, warum alle meinen, dass so etwas überhaupt in ein Katzenbuch reinmuss. Und ich bin zu dem Schluss gekommen: Muss es gar nicht!

Zumindest nicht in vielleicht erwarteter Art und Weise. Ich will Sie, liebe Leserin, lieber Leser, jetzt nämlich nicht mit endlosen Beschreibungen von gefährlichem Katzenschnupfen, Wurmkuren, Zeckenzangen und Zahnsteinentfernungen bombardieren. Wie Sie sich da was helfen können und auf was Sie im Zweifel besonders achten müssen, können Sie in vielen Handbüchern aus dem Fachhandel nachlesen.

Nein, ich möchte mich der seelischen Verfassung, der charakterlichen Beschaffenheit einer kranken Katze widmen, damit Sie sich besser in deren Gefühlswelt eindenken können. Und das ist schon was. Wenn Sie da was geschnallt haben, dann sind Sie schon ein ganzes Stück weiter, auf dem Weg, Ihre Katze zu verstehen. Also, zumindest haben Sie dann 0,3 Prozent. Immerhin …

Napoleon

Napoleon war der Kater eines ehemaligen Kumpels von mir. Ehemalig darum, weil der Kumpel der Besitzer unserer kleinen Stammkneipe aus Jugendzeiten war und ich ihn schon seit fast zwölf Jahren nicht mehr gesehen habe. Sonst wäre er vermutlich immer noch mein Kumpel. Obwohl, vielleicht hätte man sich inzwischen auch auseinandergelebt, so was kommt ja vor: Menschen verändern sich, und Dinge passieren und …

Was wollte ich eigentlich erzählen? Ach ja.

Der Kater dieses Kumpels mit der Kneipe hieß auf jeden Fall Napoleon und war ihm zugelaufen. Wenn Sie sich jetzt fragen, warum ich diese Geschichte im Kapitel »Kranke Katzen« erzähle, dann passen Sie mal gut auf.

Napoleon hatte nur drei Beine. Das, was hinten links hingehört hätte, fehlte ihm. Wohin es entschwunden war oder was passiert war, wusste mein Kumpel nicht. Angeblich war Napoleon ihm schon auf drei Beinen zugehumpelt.

Was hier jetzt ganz furchtbar traurig und mitleiderregend klingt, war in Wahrheit für den Kater gar nicht so schlimm. Napoleon hatte sich prima mit seiner Behinderung abgefunden. Er konnte auch mit drei Beinen problemlos überall hochspringen. Was ihm hingegen etwas mehr Probleme machte, war sein Schwanz. Der fehlte ihm nämlich auch. Das war schon schlimmer, denn Napoleon war ein Kater, also männlich, und demnach war das Schwanzdefizit auch vom Ego her eher suboptimal. Kann ich mir zumindest gut vorstellen.

Was viele Leute ja gar nicht wissen, Katzen benutzen den Schwanz hauptsächlich zur Balance. Damit können sie auf Dachrinnen oder auf extrem schmalen Balken entlanggehen. Oder, wenn man Wohnverhältnisse wie Napoleon hat, auf dem Tresen in der Kneipe. Beziehungsweise *eben nicht*. Er konnte auf dem Boden relativ normal laufen. Auf dem Tresen aber normal gehen, ohne zu schwanken oder hin und wieder lustig umzukippen, das konnte Napoleon nicht.

Napoleon war auf einem Auge blind und auf dem anderen kurzsichtig. Welches Auge was war, habe ich vergessen, aber das spielte wohl auch keine große Rolle.*

Dieser Kater auf jeden Fall, dieses Geschöpf ohne Schwanz, dafür mit einem abben Bein, auf einem Auge blind und auf dem anderen kurzsichtig, dieses Abend für Abend auf dem Tresen schwankende Tier war das stolzeste, würdevollste Wesen unter der Sonne. Die er auch nicht sehen konnte, die Sonne, weil er ja kurzsichtig war.

Er schritt durch die Kneipe wie der Pate durch sein Haus am See, pünktlich zur Happy Hour raste er die Treppe herunter, die die Kneipe mit der darüberliegenden Wohnung meines Kumpels verband, und schien uns allen mit Blicken – oder mit dem uns zugewandten Kopf – zu sagen: »Seht her, ich habe weder Schwanz noch Bein, bin fast blind und steinalt, aber ich zahle nicht einen Pfennig für meinen Schnaps!«

Napoleon war schwerer Alkoholiker, aber er hatte seine Sucht im Griff und trank nie vor sechs Uhr abends. Dann aber gab es kein Halten mehr.

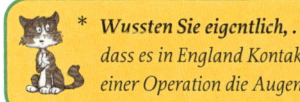
* *Wussten Sie eigentlich, ...*
dass es in England Kontaktlinsen für Katzen gibt? Sie sollen nach einer Operation die Augen schützen.

Da kaum ein Gast sein Glas bis auf den letzten Tropfen austrank, tat das Napoleon stellvertretend eben für uns alle. Er wankte von Glas zu Glas, steckte seine voll funktionstüchtige Zunge hinein, leckte den Schnaps, das Bier, den Wein ratzeputz weg und torkelte dann mit zunehmender Schlagseite weiter. Da die Kneipe freitags und samstags immer sehr voll war, war auch Napoleon spätestens um zehn Uhr immer sehr voll. Es war eine sehr lustige Zeit. Vor allem für Napoleon.

Und dann musste mein Kumpel irgendwann eine Türe einbauen, zwischen Kneipe und der Treppe nach oben zu seiner Wohnung, weil einige Besoffene ihm dort mehrmals nachts in den Flur gekotzt hatten. Leider war diese Tür aus Glas. Aus stabilem, wirklich sehr stabilem Glas. Mein Kumpel fand die Türe sehr schön, durch das Glas verkleinerte sich die eh schon ziemlich beengte Spelunke wenigstens nicht auch noch optisch, aber sie war eben AUS GLAS.

Napoleon wohnte tagsüber oben bei meinem Kumpel in der Wohnung. Bis um sechs, wenn er, wie an jedem Tag in den vergangenen zehn Jahren, auf seinen drei Beinen ohne Schwanz, auf einem Auge blind, auf dem anderen kurzsichtig, die Treppe heruntergerast kam, um seinen Schnaps zu bekommen.

Der Krach des mit dem Kopf gegen die Glastür dengelnden Napoleon war furchtbar* – keine Angst, er hat es überlebt –, aber alle haben es gehört, alle. Auch ich war damals dabei, als dieses stolze Geschöpf, das so viel Lebenswillen bewiesen hatte, trotz seiner Gebrechen und trotz seiner Sucht, mit vollem Karacho ge-

---

* *Wussten Sie eigentlich, ...*
dass die Augen einer Katze mit rund 400 000 Sinneszellen pro Quadratmillimeter besetzt sind und sie somit bei jedem Licht sehen kann? Sie ist in der Lage, Licht und Bewegungen in einem Blickwinkel von 180° zu erfassen!

gen die neue Glastür geballert ist. Es war ein wirklich unfassbar lautes, dumpfes »DONG!«

Gottlob hat Napoleon davon nichts mitbekommen. Napoleon war stocktaub.

Die sympathiekranke Katze

Die Katze meiner Schwester – Shira, Sie erinnern sich – ist in Bezug auf Krankheiten schlimm dran. Die kriegt nämlich grundsätzlich alles, was meine Schwester hat, aus lauter Zuneigung wahrscheinlich. Geteiltes Leid ist halbes Leid.

Napoleon

Shira steckt sich mit allem an. Auch mit Krankheiten, die man Katzen so im Allgemeinen gar nicht zutraut …

Einmal hatten alle Windpocken. Meine Schwester kriegte sie durch meinen Neffen, der sie aus der Schule mitbrachte, und Shira bekam sie absichtlich, es muss einfach so sein, weil meine Schwester sie hatte. Ein Bild zum Schreien, wenn *alle* sich kratzten.

Schlimmer aber war die Geschichte mit der Blutvergiftung. Das war spooky. Meine Schwester schnitt sich beim Apfelschälen in den Finger. Daraus folgte eine gerade noch rechtzeitig erkannte Entzündung. Das Unheimliche daran war, dass die Katze einen Tag später eine kleine Wunde an ihrer Pfote hatte – auf der gleichen Seite! – und vom Arzt ebenfalls eine Spritze bekam. Manchmal machen die beiden mir Angst.

Die wiederum lustigste Geschichte ereignete sich, als meine Schwester eine Mandelentzündung hatte. Also, dass meine Schwester die hatte, war natürlich noch nicht so lustig, aber als die Katze dann eine Woche später ganz schwer schlucken musste, glasige Augen bekam und vom Katzenfutter nur noch das Gelee runtergelutscht hat, das sah schon extrem drollig aus. Der Tierarzt fand das auch sehr verblüffend und hatte leider gar nichts vorrätig, was man der Katze nun als Medikament geben konnte.

Schon wieder Antibiotika ging nicht, denn Shira hatte erst drei Wochen vorher eine vereiterte Mittelohrentzündung gehabt, bei der sie aber viel weniger gejammert hat als meine Schwester, das muss man ihr lassen.

Er schlug meiner Schwester darum vor, ihre Katze so zu behandeln, wie man ein halbes, kleines Kind behandeln würde. Also, von der Menge der Hausmittelchen her. Das hat der *Arzt* so gesagt, nicht ich.

Die arme Katze hat wegen der Mandelentzündung also warmen Kamillentee mit Honig bekommen. Mochte sie aber nicht. Wie ein kleines Kind verweigerte sie auch die Aufnahme jeglicher Flüssigkeit, weil ihr das beim Schlucken wehtat. Da meine Schwester aber fast so clever ist wie ich, hatte sie die großartige Idee, etwas fettarme Milch mit in den Tee zu mischen, und DAS fand die Katze dann so lecker, dass sie freiwillig bis zu einem Liter am Tag davon getrunken hat. Was für eine Katze ziemlich viel Flüssigkeit ist, wie ich fand. Vor allem für eine Katze, die Fieber hat und sich nur sehr langsam, wenn *überhaupt* von ihrer kuscheligen Decke mit drei Wärmflaschen und darüber aufgehängter Rotlichtlampe wegbewegt. Ich hatte jedenfalls immer Angst, dass sie platzt. Wenn jetzt jemand geklingelt hätte. Bumm!

Glücklicherweise hatte meine Schwester von mir schon erfahren, was man im Falle eines Urin-Unfalls zu tun hat, und nur Sekundenbruchteile nach dem ersten Geruchsalarm sowohl die

Decke als auch alle Wärmflaschen in Plastikfolien verschweißt und in den Abfalleimer eines Nachbarn geworfen.

Danach stand das Katzenklo direkt neben der neuen Decke und dem Schüsselchen mit Milch-Kamillentee-Honig-Gemisch im Wohnzimmer. Nur für die Dauer der Krankheit versteht sich. Mein Schwager hatte schon Angst, dass das so bleiben würde.

»Ja, der Baum ist dieses Weihnachten wunderschön!«

Schab, kratz, schaufel, pups ... Auf keinen Fall!

Ich bin mir ziemlich sicher, dass Shira diese ganzen Krankheiten nur aus Sympathie bekommt. Denn sie hatte zum Beispiel noch nie Flöhe oder Läuse. Und das sind Dinge, die sich normalerweise jede Katze, die draußen herumlaufen darf, früher oder später mal einfängt.

Sie hat überhaupt noch nie eine Katzenkrankheit gehabt. Keinen Katzenschnupfen, Gott sei Dank natürlich, sondern eine »Nasennebenhöhlenvereiterung«. Keinen Durchfall durch Würmer, sondern eine »Magen-Darm-Grippe«.

Ich liege meiner Schwester jedes Mal, wenn wir uns sehen, in den Ohren, dass sie unbedingt weniger arbeiten soll. Denn wenn das so weitergeht, wird die Katze bestimmt irgendwann an einem Burn-out-Syndrom leiden. Und den Kuraufenthalt für alle beide kann sich doch kein Mensch leisten! Ich habe beim letzten Besuch schon so ein nervöses Augenzucken wahrgenommen. Also, bei meiner Schwester UND der Katze. Sieht lustig aus, wenn die beiden nebeneinandersitzen. Man hat das Gefühl, dass beide einem was Geheimes mitteilen wollen, es der andere aber nicht mitkriegen darf. Zwei Geheimagenten auf der Couch im Auftrag Ihrer Majestät.

Mein Name ist Shira, KATZE Shira.

Der Tragekorb des Grauens

Ich wollte einen Satz wie »Das kennen Sie sicher von Ihrer Katze …« eigentlich gar nicht schreiben. Jetzt breche ich meinen Vorsatz, denn Sie werden es sowieso gleich denken.

Jede Katze hat einen hochsensiblen Katzentragekorb-Detektor eingebaut. Der läuft zwar erst nach dem ersten Tierarztbesuch so richtig an, aber dann auf Hochtouren. Der Kater meiner Ex-Freundin, die dicke Diva Claude, war darin Experte. Der hat das Ding wahrscheinlich erfunden.

Wir durften das Wort »Tierarzt« noch nicht mal laut sagen, da war er schon unter dem Bett verschwunden. Also haben wir es vermieden, dieses Wort auch nur in den Mund zu nehmen.

Kennen Sie Eltern, die bestimmte Worte in Gegenwart ihrer Kinder nur buchstabieren, damit es nicht aufgeschnappt werden kann und nicht lautstarkes Gegröle oder endlose Heulereien folgen? Die sagen dann solche Sachen wie: »Oh, Schatz, wir müssen gleich noch bei der E-i-s-d-i-e-l-e vorbei, bevor wir mit den Kindern zum Z-a-h-n-a-r-z-t fahren.«

Genau das haben meine Ex und ich mit T-i-e-r-a-r-z-t gemacht. Keine Chance. Claude war unter dem Bett.

Das Gleiche probierten wir mit K-a-t-z-e-n-k-o-r-b, T-r-a-g-e-b-e-h-ä-l-t-e-r und auch nur D-a-s D-i-n-g. Staubwolke. Unter dem Bett.

Dann versuchten wir Synonyme zu finden.

»Schatz, hol schon mal das Doktor-Taxi aus dem Keller.«
Unter dem Bett.

Wir wurden immer kreativer. Wir sprachen von »Schiffschaukeln«, dem »Appartement«, dem »Rolls-Royce«, der »Überfahrt nach Walhalla« – man wird sarkastisch mit der Zeit – und zum Schluss nur noch vom »Sarg«. Die Diva war weg.

Dann haben wir uns nur noch mit Zeichen verständigt. Haben Sie mal die Fluglotsen am Flughafen beobachtet? Genau so. Claude war unter dem Bett.

Zum Schluss hatten wir das Gefühl, dass wir Tierarzt nur denken mussten, und Claude war unter dem Bett. So war es auch.

Jetzt sagen Sie sicher, mein Gott, die hätten den Kater doch einfach mit Wurst oder so unter dem Bett hervorlocken können. Klugscheißer. Claude wäre eher verhungert!

Und jetzt denken Sie, mein Gott, dann eben einfach rausziehen. Das Gefauche, die schweren Verletzungen und tiefen Fleischwunden hätten wir ja in Kauf genommen, aber wir kamen nicht mal an ihn ran. Claude kauerte sich in den hintersten Winkel des zusätzlich in einer Ecke stehenden, mit der Wand verschraubten Bettes. Und das war das eigentliche Problem. Wir mussten das gesamte Bett jedes Mal komplett auseinanderbauen, wenn wir mit dem doofen Kater zum Arzt wollten. Und es gab keinen Lattenrost, den man einfach nur hätte zack hochheben können. Nein, wir mussten das GESAMTE Bett JEDES MAL auseinanderbauen.

Die Obermatratze entfernen, die Halteschrauben lösen, die Füße abdrehen, vorher etwas drunterlegen – »O Mann« –, jetzt die Halteschrauben komplett loswerden, die Freundin hält die Mitte kurz, dann übernehme ich – »Ich hasse es« –, das Mittelteil fällt mir auf den Fuß, immer auf den rechten – »Ich hasse ihn« –, dann die Ecken des Rahmens auseinanderziehen, eine Ecke fällt ihr auf den Fuß, immer auf einen anderen – »Geht mir schon wieder besser« –, dann alles an die Wand lehnen und weiter mit der Unterkonstruktion ... Zugegeben, ein Scheißbett, aber wer rechnet denn auch mit so einem Viech?

Irgendwann haben wir dann vorher die Schlafzimmertür zugemacht.
Da hätten wir auch früher draufkommen können.

Bei dem anderen Kater, Mr. Obercool Buster, war es das exakte Gegenteil. Der hat das mit dem Katzentragekorb gar nicht geschnallt. Bevor er gemerkt hat, dass man ihn gerade hochgehoben und in den Tragekorb gesetzt hatte, war es auch schon zu spät. Buster war wahrscheinlich so damit beschäftigt, cool zu sein, dass für Misstrauen keine Ressourcen mehr frei waren. Oder es war ihm egal. Was noch viel wahrscheinlicher war.

Es gibt auf der ganzen Welt keine einzige Katze, die bewusst und freiwillig in ihren Tragekorb steigt und zum Tierarzt fährt. Es gibt aber sehr wohl unterschiedliche Doofheitsgrade bei Katzen. Damit meine ich den Zeitpunkt, ab wann eine Katze merkt, dass sie auf dem Weg zum Tierarzt ist.

Die meisten Katzen sind nicht ganz so klug wie Claude und können ihre Herrchen, Verzeihung, ihr PERSONAL nicht verbal verstehen und die Flucht ergreifen. Aber den Detektor für anstehende Tierarztbesuche, den haben sie alle.

Ich hatte auch jahrelang Theater mit Minkas Reaktion auf den Plastiktragekorb und habe darum irgendwann einen wunderschönen Korb aus Weidengeflecht für sie gekauft. Der war zweiteilig, was sehr clever vom Hersteller ausgedacht worden war. Denn man konnte im Alltag eine Decke reinlegen und der Katze das als ganz normalen, kuscheligen Katzenkorb verkaufen. Und wenn ich dann mit Minka zum Tierarzt musste, weil die Spritze gegen Tollwut und so mal wieder fällig war, dann setzte ich einfach den Deckel obendrauf, hakte blitzschnell die drei Ösen fest und hatte – schwupps – einen absolut edlen Katzentragekorb. Mit dem großen Vorteil, dass die Katze schon drinliegt, ohne lange überlegen und flüchten zu können. Hinterhältig, aber praktisch.

Das funktionierte ganze ein Mal.

Danach wollte Minka auch im tiefsten Winter und mit ausgefallener Heizung ihren wunderschönen Weidengeflechtkorb nicht mehr mit ihrer Anwesenheit erfreuen. Ich benutze ihn jetzt seit einem Jahr als Sockenkorb. Und auch unter den Socken gibt es ein paar misstrauische Gesellen, die offenbar Angst haben, zum Tierarzt zu müssen. Und die sich darum klammheimlich, und immer nur einer von jedem Paar, aus dem Staub machen...

Kommt 'ne Katze zum Arzt

Ich habe viele Freunde und natürlich auch meine Schwester mit ihren jeweiligen Katzen und Katern – es ist wirklich erstaunlich, wie viele Menschen mit diesen Geschöpfen zusammenleben – hin und wieder zum Tierarzt begleitet.

Jetzt gibt es mindestens so viele verschiedene Katzentypen wie Menschentypen. Und wo würden die unterschiedlichen Charaktere wohl besser auffallen als beim Arzt?

Hier ein kleiner Überblick. Kein Besuch war wie der andere...

Der plötzliche Hund

Claude, die dicke Diva meiner Ex-Freundin, sabberte – wenn wir es denn dann nach stundenlangem Kampf endlich geschafft hatten, ihn in irgendeinen Korb zu verfrachten. Schlimmer als jeder Bernhardiner. Nicht nur, dass er auf dem Behandlungstisch vor Angst fast gestorben wäre – vielleicht war er auch einfach nur theatralisch –, nein, er sabberte jede Tablette sofort wieder aus, die der Arzt ihm verabreichte. Sofort. Auf Knopfdruck. Innerhalb einer Zehntelsekunde. Nicht nur, dass wir alle mit Kettenhemden und -handschuhen um ihn herumstanden und ihn festhielten – das ist die absolute Wahrheit –, Claude sabberte die Medikamente, die er so absolut und überhaupt nicht schlucken wollte, stante pede wieder aus. Schlimmer noch, er schüttelte sich so sehr, dass Sabber und Tabletten durch die Gegend flogen.

Nein, nach dem, was Sie jetzt alles über diesen Kater wissen … er war nicht der Trennungsgrund.

Die coole Sau

Buster. So lässig ist keiner. Doof oder cool? Sie und ich, wir wissen es. Buster saß nur auf dem Tisch und guckte den Arzt an. Fertig. Danke. Ab nach Hause.

Häh?

Mit Minka ist es mittlerweile viel einfacher geworden. Früher hatte sie auch Angst, aber heute hört sie ja eh nicht, was gerade abgeht. Und bevor sie's mitkriegt, ist es auch schon vorbei. Das mit dem Tragekorb als Hinweis auf den bevorstehenden Arztbesuch? Dreiundzwanzig Jahre!!! Wenn wir heute aus der Praxis raus sind, hat sie schon vergessen, wo wir waren. Der Weidengeflechtkorb hat seinen Schrecken verloren. Immer wieder.

Hicks!

Napoleon hat leider ganz schlechte Karten. Er kann nicht wegrennen mit seinen drei Beinen, geschweige denn, dass er den Arzt überhaupt kommen sieht. Macht aber alles nix. Mein Kumpel geht mit ihm immer in die Nachmittags-Sprechstunde. Da ist er eh schon besoffen.

Gesundrubbeln

Von Bingo wissen wir ja nun, dass er schon öfter zum Arzt musste, nicht zuletzt wegen den Streichel-Ekzemen auf seinem Rücken. Im Gegensatz zu Claude ist es aber bei ihm überhaupt kein Problem, Medikamente zu verabreichen. Man muss ihn ja nur streicheln. Das Tolle ist, dass das auch bei fiesen Spritzen, mit der Taschenlampe in den Rachen Leuchten und Fiebermessen im Po funktioniert. Der Tierarzt ist total begeistert.

Hypochon-Shira

Bei der Katze meiner Schwester ist er das nicht. Abgesehen davon, dass er lange Zeit mit seinem Lämpchen nicht irgendwo gegen stoßen durfte, weil der Ton sonst zu einer Katastrophe geführt hätte, hat diese Katze jede Woche etwas Neues.

Santa Klaus

Klaus sitzt beim Arzt genauso wie bei der Weihnachtsfeier. Er hat auch immer noch das Weihnachtsmann-Mützchen auf. Das will er anscheinend nicht mehr hergeben. Vielleicht hat er sich so dran gewöhnt und ist abergläubig. Jedenfalls ist er mit dem Ding viel ruhiger.

Heilo

Herr Kitler hat beim Arzt ein Problem. Er hört nicht auf zu grüßen. Er reckt immer die rechte Pfote nach oben und schaut ganz ernst. Der Arzt versucht übrigens zu ermitteln, was er überhaupt für eine Rasse ist, um daraus vielleicht Rückschlüsse auf sein Verhalten ziehen zu können. Er ist sich mittlerweile sicher, Herr Kitler muss aus dem Ausland kommen.

Aua

Yussuf steht das alles locker durch. Er beißt die Zähne zusammen. Er kennt den Schmerz, und der schreckt ihn nicht. Außerdem fehlen ihm eh schon drei Zehen und der halbe Schwanz.

Mein Name ist Hase?

Fluffy hat keine Angst. Peace. Auch nicht, obwohl der Arzt mal vorne und hinten verwechselt hat, und anstatt die Salbe ins Maul zu schmieren … Da kommt man bei ihm aber auch schon mal durcheinander.

***Ist es ein Vogel? – Nein. – Ist es ein Flugzeug?
– Nein. – Es ist …***

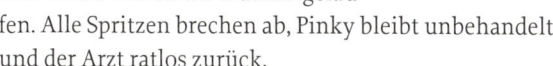

Pinky hat nichts. Wie auch. Als Supercat? Davon wissen seine Besitzer aber natürlich nichts. Und jede Katze muss zumindest gegen das Allernötigste geimpft werden, Tollwut, Mumps und Kinderlähmung, oder so. Pinky kann man nun aber nicht verletzen. Dumm gelaufen. Alle Spritzen brechen ab, Pinky bleibt unbehandelt und der Arzt ratlos zurück.

Ich sage nichts. Ich hab's versprochen.

Ich gebe zu, bei den Beschreibungen hier und da ein klein wenig übertrieben zu haben. Klaus hatte gar keine Mütze mehr auf.

Katzen haben *doch* neun Leben

Es muss so sein. Ansonsten wäre es nicht zu erklären, dass meine Katze noch am Leben ist. Alles, was ich im Verlauf dieses Kapitels schreibe, ist absolut wahr. All das ist meiner Katze *wirklich* zugestoßen. Und uns. Minka ist der zäheste Hund, den es gibt.

Ich habe mich entschieden dieses Kapitel zu schreiben, damit Sie niemals die Hoffnung aufgeben, liebe Leserin, lieber Leser, falls Ihre Katze mal krank wird und behandelt werden muss. Katzen haben *wirklich* neun Leben. Mindestens.

Minka hatte in ihrem Leben bereits einige Unfälle. Der erste und gleichzeitig auch der folgenschwerste passierte damals in der Wohnung mit dem Umlauf, in der wir beide »Nachlaufen« spielten. Diese wirklich schöne Wohnung lag im obersten Stock und hatte eine große Terrasse, auf die das Dach des Hauses herunterreichte. Meine Katze war oft draußen, da die Terrassentür fast immer offen stand, und sonnte sich oder schnappte frische Luft. Eines winterlichen Tages nun meinte meine Katze auf das Dach klettern zu müssen. Das hatte sie vorher noch NIE gemacht. Warum ausgerechnet im Winter? Kurz gesagt, wir waren nicht dabei, Minka rutschte höchstwahrscheinlich auf dem First aus und fiel circa *fünf* Stockwerke tief. Horror! Sie brach sich mehrfach das Becken und sonst nichts.* Ein Wunder. Der Tierarzt meinte, das wird schon, und so war's auch.

Minka beschwerte sich schon nach wenigen Tagen, dass sie in dieser doofen Kiste liegen musste und nicht rausdurfte. Gut, das mit dem Toilettengang, das tat höllisch weh, und gerade halten konnte sie sich auch nicht, aber man kann sich auch anstellen. Wir haben sie nicht rausgelassen. Erst als der Onkel Doktor das Okay gab.

Und *sofort* hat sie angefangen zu trainieren. Ja, richtig, zu trainieren. Der Arzt hat uns das so gesagt, als wir ihn völlig übernächtigt um Aufklärung gebeten haben. Minka lief die ersten Tage immer im Kreis. Der Umlauf eignete sich prima. Hier wurde kein Fangen mehr gespielt, hier ging es nicht um verrückte fünf Minuten, hier war der nächste Meister im Schwergewicht dabei, seine Form wieder zu erlangen. Sie rannte und rannte. Machte eine Pause, zu der wir sie hin und wieder auch zwangen – Sie kriegen sonst die Krise –, um danach in die andere Richtung zu flitzen. Wir dachten schon an eine Nervenheilanstalt. Nicht für uns, für die Katze.

Damit war das Ende der Fahnenstange aber noch lange nicht erreicht! Was glauben Sie, wofür der Umlauf gebaut worden

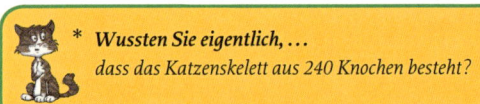

* *Wussten Sie eigentlich, ...*
dass das Katzenskelett aus 240 Knochen besteht?

war? Er umgab eine Treppe in das etwas höher gelegene Zimmer, das wiederum zum Wohnzimmer nur durch eine Brüstung abgetrennt, aber ansonsten offen war. Im Wohnzimmer stand auf einem Schrank eine alte Stempeluhr, die meine Mutter geerbt hatte, von wem auch immer. Das war Minkas nächste Übung. Die Rennerei hatte ein Ende, jetzt wurde gesprungen.

Sie lief über die Treppe in das obere Zimmer und über einen kleinen First zum Wohnzimmer …

… wo sie dann auf die alte Stempeluhr kletterte, um von dort abzuspringen.* Auf den Schrank. Was einen unglaublichen Krach machte. Wir sind WAHNSINNIG geworden. Den *ganzen* Tag und die *ganze* Nacht, WOMM! Trippel, trippel … kurze Stille … WOMM! Trippel, trippel … kurze Stille … WOMM! Es gab keine Tür, es gab nichts zum Verbarrikadieren, wir hätten es doch versucht!!! Wir haben unseren Hauptdarsteller von Rocky III über Nacht in ein Zimmer eingesperrt. Haben Sie das mal versucht? Eine Katze in ein Zimmer einzusperren?

Man kann erkennen, dass Minka ihre hinteren Beine ein wenig steif hält. Das macht sie seither, schränkt sie aber in keinster Weise ein.

»MiAAAAAAAAUUu«

* *Wussten Sie eigentlich, …*
  dass Katzen nicht nur aus großer Höhe relativ unbeschadet herunterspringen können, sondern diese oftmals auch das Fünffache ihrer eigenen Körpergröße misst, wenn sie wieder hochspringen?

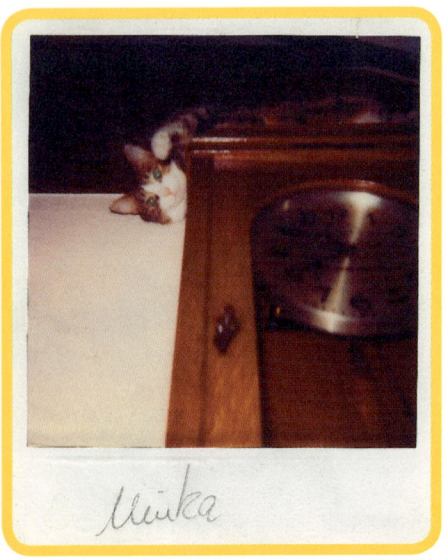

Das war die Stempeluhr. Und obendrauf *Rocky III*.
Wie man unschwer an den Löchern am oberen Rand erkennen kann, hatte meine Mutter auch dieses Bild an ihrer Pinnwand.

Wir haben sie um drei Uhr morgens wieder rausgelassen. WOMM! Trippel, trippel … kurze, trügerische Stille, jetzt etwas länger … hat sie vielleicht do… WOMM!!!

Natürlich haben wir versucht, sie davon abzuhalten. Aber sie *wollte* nun mal trainieren und ließ sich nicht davon abbringen. Sie hat sogar nach uns gehauen, von der Uhr runter…

Also ließen wir ihr ihren Willen. Was blieb uns auch übrig. Es hat dann von alleine aufgehört. Nach drei Monaten. Die Intervalle wurden zunehmend größer. Sonst wären wir auch an Übermüdung gestorben, da bin ich mir sicher. Ich wache heute noch manchmal nachts schweißgebadet auf, wenn draußen vielleicht was umgefallen ist. WOMM!, höre ich sofort und will mich schon anziehen und zum Tierarzt fahren.

Abschließend lässt sich zu dieser Episode sagen, dass meine Minka das alles wunderbar überstanden hat. Sie läuft mit den hinteren Beinen zwar etwas staksig in der Gegend rum, hat aber keine Schmerzen mehr, und außerdem sehen lange Beine bei Mädchen eh klasse aus. Behalten Sie also den Mut, werte Leserin, werter Leser, Ihre Katze ist zäher, als Sie vielleicht zu hoffen wagen.

Das muss sie dann *vor allem* sein, wenn sie so dusselig ist wie meine. Wie angekündigt war das nicht der einzige Unfall, den »Messalina« hatte. In meiner späteren Wohnung in Leverkusen, im dritten Stock, hatte ich auch einen Balkon. Hier begann das Spiel mit Raus und Rein und Raus und Rein ... Ich machte immer wieder die Balkontür zu, passte auf Minka auf und wachte über jeden ihrer Schritte. Klar hatte ich Angst um sie, aber ich wollte auch nicht nochmal im Trainings-Camp schlafen.

Es kam, wie es kommen musste. Es war ein unglaublich heißer Sommer, ich vergaß die Balkontür nachts zuzumachen, und am nächsten Morgen war die Katze nicht mehr da. Himmel, Herr Gott, es war doch immer noch eine Katze! Ja, ich hatte vergessen, die Tür zu schließen, aber andere Katzen gehen *immer* raus. GANZ raus. Die turnen den lieben langen Tag auf irgendwelchen Geländern, Zäunen und Firsten herum. Fragen Sie mal 'ne Katze wie zum Beispiel Buster, was er dazu sagen würde, wenn ich ihm erzählen würde, dass das mit dem Balancieren zu gefährlich sei und er nur noch auf dem Boden laufen dürfte. Der würde mich doch mit dem Arsch nicht mehr angucken. Und meine Katze darf EIN Mal nachts die Sterne von draußen angucken und fällt vom Balkon?

Ja, so war's. Sicher war ein Vogel so böswillig und ist extra nah vorbeigeflogen. Meine gierige, aber doofe Katze holt aus ... springt ... – »Oh, da ist der Balkon ja schon zu Ende!« –, und RUMMS. Oder WOMM, wie Sie wollen.

Hinterher stellte sich heraus, dass unten 'ne Menge Gerümpel für den Sperrmüll aufgetürmt gewesen war, was den Fall wohl deutlich verkürzt hat.

Nachbarn haben sie gefunden beziehungsweise ihr unglaublich hässlicher, aber – das muss ich zugeben – auch lustigster, kleiner Hund, dem ich bisher begegnet bin. Kleiner als meine Minka, konnte dieser Hund mit dem wohlklingenden Namen »Tina« ungefähr einen ganzen Meter hoch springen. Damit machte er alles wett.

Tina hatte Minka aufgespürt und mit ihr spielen wollen. Madame war aber nicht zum Spielen aufgelegt gewesen, hatte sie sich doch eine Pfote verletzt und eine Nacht draußen verbringen müssen. Also tachelte sie diesem süßen, kleinen Hund eine. Zum Dank! So können Katzen auch sein.

Wir fuhren zum Nottierarzt, was sich als großer Fehler herausstellte, denn der war ein Stümper. Die Pfote wurde zwar geröntgt, aber falsch diagnostiziert und heilte leider schief und krumm wieder zusammen. Sie können mir glauben, dass ich, nachdem alles vorbei war, plötzlich mitten im voll besetzten Wartezimmer dieses »Hochstaplers« stand und laut rief: »Rettet eure Tiere!« Ich glaube, der hat mittlerweile zugemacht.

Völlig aufgebracht saß ich dann einige Tage später bei meinem *richtigen* Tierarzt, der mir sagte, dass man nichts mehr machen könne, aber die Katze auch damit klarkommen werde. Die passt sich an, hieß es. Das stimmte ...

WOMM! Trippel, trippel ... kurze Stille ... WOMM! Trippel, trippel ... kurze Stille ... WOMM!!!!!!!!!!!

Hilfe!

MIT KATZEN UND MIT FRAUEN LEBEN

Wenn sich Freunde bei mir ausheulen, dass ihr Leben »so leer« sei, dass sie ihr Job »nicht ausfüllt« und dass ihnen allgemein gerade eine »lähmende Langeweile« innewohnt, rate ich immer zur Katze. Nicht zu einer neuen Freundin. Meinen männlichen Freunden rate ich zur Katze. Die sind auch immer überrascht, aber das ist in 99 Prozent der Fälle besser und die Wahl des geringeren Ü... Äh, die bessere Wahl. Katzen schmiegen sich genauso an, sind für Sie da, und die Wohnung ist bewohnt, wenn Sie nach Hause kommen.

Ich will mir hier jetzt bestimmt nicht anmaßen, im Folgenden das Zusammenleben mit einer Frau mit dem Zusammenleben mit einer Katze zu vergleichen. Im Leben nicht. Das wäre in höchstem Maße diskriminierend und fies.
    Aber es funktioniert wunderbar, und darum mach ich es natürlich trotzdem...

Unterschiede und Gemeinsamkeiten

Es gibt von vornherein ein paar ganz wichtige Unterschiede zwischen dem Zusammenleben mit einer Katze und dem mit einer Frau zu beachten:

Erstens:
Man holt eine Katze FREIWILLIG zu sich in die Wohnung. Man WILL, dass sie kommt, man hat sich das von Anfang an gut überlegt und ist schließlich zu der Entscheidung gekommen: Ja, ich möchte eine Katze haben und mit ihr zusammenleben.

Bei Frauen ist das ja ganz oft ganz anders.

Die wohnen *auf einmal* bei einem. Ohne, dass man da in irgendeiner Weise vorgewarnt worden ist. Und wenn einem das als Mann dann nach drei Monaten irgendwann auffällt, dass die Freundin gar nicht mehr wieder zurück in ihre eigene Wohnung geht, dann ist es für eine vorbeugende Reaktion meist schon zu spät.

Wenn man nämlich dann ganz vorsichtig nachfragt, was denn eigentlich mit *ihrer* Wohnung ist, ob man da nicht so langsam mal wieder die Blumen gießen müsste oder Staubwischen oder so ... dann erfährt man sehr oft, dass diese Wohnung schon seit Wochen gekündigt ist. Und zwar mit der großartigen weiblichen Begründung: »Wir sind doch eh immer hier.«

Rumms.

Der vorsichtige Erklärungsversuch von männlicher Seite, dass man persönlich *natürlich* immer »hier« ist, weil man ja »hier« wohnt, wird komplett ignoriert.

Im schlimmsten Fall wird das noch quittiert mit einem beleidigten »Ich dachte, du willst das auch ...? Ich wusste ja nicht, dass du mich nicht um dich haben willst ...!«

Rumms. Teil 2.

Da kommt kein Mann mehr raus, der seine Freundin wenigstens ein bisschen gerne hat. Die hat er *ab sofort* und *bis zur Tren-*

nung am Hals. Das ist natürlich absolut liebenswert und somit durchweg positiv gemeint.

Die *Katze* aber, wie gesagt, die holt man sich freiwillig in die Wohnung. Die Grundvoraussetzungen für ein Zusammenleben sind also schon mal völlig andere. Die Frau kommt aus »emotionalen Gründen«, und die Katze kommt aus »persönlicher Überzeugung«.

Egal, warum auch immer die jeweiligen absolut faszinierenden Wesen unsere Wohnung beziehen. Irgendwann sind sie also da. Und wie ich zu Beginn schon andeutete, meine Herren, wählen Sie das geringere ... Sie wissen schon. Denn Obacht:

Zweitens:
Die Katze kommt und übernimmt innerhalb weniger Tage die komplette Wohnung. Klingt heftig.

Die FRAU kommt und übernimmt innerhalb von *Sekundenbruchteilen* die komplette Wohnung. UND ... die komplette Freizeit, die Ernährungsgewohnheiten, den Freundeskreis und die Fernbedienung.

Ich *werte* nicht, ich *berichte* nur.

Drittens:
Eine Katze kommt nach ihrem Einzug zum ersten Mal ins Badezimmer, findet ihr Katzenklo, benutzt es und ist zufrieden.

Eine FRAU betritt nach ihrem Einzug zum ersten Mal das Badezimmer, verteilt ein Achtel ihrer Tiegel, Töpfchen und Pröbchen, um dann festzustellen: »Das da muss alles weggeräumt werden. Hier ist viel zu wenig Platz. Morgen wird ein zweites Regal gekauft!«

Viertens:
»Katze und Kumpel« funktionieren deutlich besser als »neue Freundin und Kumpel«.

Die Katze geht dem Kumpel im schlimmsten Fall einfach so lange aus dem Weg, wie »Terminator 3« eben dauert, und legt sich dann vielleicht mal kurz auf Ihren Schoß, zwecks Demonstrierung der Besitzverhältnisse. Sobald der Kumpel dann weg ist, ist zwischen Mann und Katze wieder alles wie vorher.

Die frisch eingezogene Freundin geht dem Kumpel im besten Fall zwar auch aus dem Weg, aber auch sie setzt sich gerne mal auf den Schoß und disqualifiziert sich mit: »Wie realistisch!« Und wenn der Kumpel weg ist, ist sie hundertprozentig beleidigt. Warum? Fragen Sie mich nicht, aber es IST so.

Nur so nebenbei:
Wenn der beste Kumpel vorbeikommt und die Neue das Wohnzimmer zum ersten Mal betritt und besagter Kumpel dann ruft: »Mann, ist die süß! Darf ich die mal auf den Schoß nehmen und streicheln?«, dann handelt es sich in Ihrem eigenen Interesse besser um die neue Katze als um Ihre neue Freundin.

Andernfalls würde ich die Bezeichnung »Bester Kumpel« nochmal überdenken.

Es gibt aber auch Gemeinsamkeiten, die bei beiden weiblichen Wesen absolut identisch sind. Sie brauchen zum Beispiel beide eine Menge Aufmerksamkeit ...

Ich persönlich gehe in meiner Freizeit gerne klettern, am liebsten mit meinem Lieblingskumpel Hans, der mit dem Satz »Sonst katzt dir die Kacke auf den Flur«. Wir fahren aber jetzt nicht zum Abenteuerspielplatz und machen den Kindern ihr Gerüst streitig. Nein. Wir gehen zum »Indoor-Climbing«. Da klettert man an Felswandimitaten hoch, die extra in einer beheizten Halle aufgestellt wurden, damit Leute wie ich beim Klettern nicht frieren müssen, sich aber trotzdem für ein paar Stunden so vorkommen können wie Reinhold Messner. Und zwar mit allen zehn Zehen.

Als Hans gerade frisch mit seiner damaligen Freundin zusammengezogen war – ich formuliere das lieber so, als zu sagen: »Auf einmal war sie da, und keiner hat's gemerkt!« –, da hat er sich an einem Samstagmittag mal mit folgendem Satz verabschiedet: »Hör mal, mein Augenstern, ich bin eben für ein paar Stunden mit Ralf in der Wand. Ich bring was vom Chinesen mit, brauchst nichts zu kochen!«

Ich war dabei. Ich war der Kumpel. Ich habe es wirklich genau so gehört, und er hat es auch wirklich genau so gesagt.

Als wir zurückkamen, war die Hölle los. Beziehungsweise eben nicht. Es war die berühmte Ruhe vor dem Sturm, und ich hätte schwören können, dass die Zimmertemperatur schlagartig um zehn Grad fiel, als Hans' Freundin durch den Flur ging. Sie hat uns nicht mal angesehen.

Frauen sind ja immer erst mal ganz still beleidigt, sagen einem aber nicht, warum. Da muss man erst stundenlang nachfragen wie »Was hast du denn? Ich seh' doch, dass was nicht stimmt...«, bevor was kommt. Die schweigen das aus, bis man rein vorsorglich schon mal ein ganz schlechtes Gewissen bekommen hat.

Die Begründung, mit der sie dann nach drei Stunden rausrückte – ich hab' in der Zeit in ihrem Wohnzimmer Terminator 3 zu Ende geguckt –, war: Sie war beleidigt, weil er »einfach so weggegangen« ist. Einfach so. Auch das habe ich genau so gehört. Das hat sie wirklich genau so gesagt. Aber ich wiederhole mich.

Und DIESE SITUATION ist bei einer Katze genau die gleiche. Ich erwähnte ja schon mehrfach die Kunst des Mit-dem-Arsch-nicht-mehr-Anguckens. Wenn Sie länger nicht zu Hause waren, wenn das mit dem Klettern also doch länger gedauert hat als sonst oder Sie mal vier Tage im Urlaub waren, den Sie dringend brauchten, dann haben Sie, wenn Sie wieder nach Hause kommen, entweder ein Präsent in der Ecke – gut, DAS machen Frauen, Gott sei Dank, nicht –, oder Sie werden ignoriert. Wie mein Freund Hans. Je nach Charakter Ihres Tigers zwischen drei Sekunden und drei Wochen. Viel Erfolg!

Trotz allem klingt das jetzt ein bisschen so, als würde ich das Zusammenleben mit einer Katze dem Zusammenleben mit einer Frau vorziehen. Das stimmt natürlich nicht. Frauen haben viele Vorteile. Sie würgen zum Beispiel keine Haarbüschel hoch und verteilen keine Katzenstreu in der ganzen Wohnung. Frauen zerkratzen einem auch ungleich seltener die Tapeten, und ich habe in meinem Leben auch nur eine Freundin gehabt, die mir die Salami vom Brot geklaut hat.

Nein, Frauen haben definitiv Vorteile, auch körperlich. Bei einer Frau in der Wohnung braucht man sich auch keine Sorgen zu machen, dass es irgendwann langweilig wird und man nur noch nebeneinanderher lebt. Das ist zwar nach wie vor die ultimative Trennungsbegründung von Frauen, dass man »nur noch nebeneinanderher lebt«, aber ich kenne keine einzige Beziehung, in der es tatsächlich auch für einen längeren Zeitraum dazu gekommen wäre. Bevor das passieren kann, ist doch immer schon Schluss.

Hans hatte zwei Wochen keine Blumen oder Geschenke mitgebracht, schon »lebte man nebeneinanderher«, und sie ist gegangen. Sie war aber auch extrem. Sie hat ihre Klamotten zusammengepackt, jaha, IHRE Klamotten, und hat die Türe von außen zugeschmissen. Hans hat noch versucht, seine frischgebackene Ex-Freundin davon zu überzeugen, dass die Stereoanlage ursprünglich ihm gehört hat und er die auch gerne behalten würde. Und die DVD-Sammlung auch. Und die Ledercouch. Hat aber nichts gebracht.

Wie auch immer: Tatsache bleibt, dass die meisten Frauen nach einer gewissen Zeit die Wohnung der Männer wieder verlassen.

Bei einer Katze muss man sich aber immer darüber im Klaren sein, die verlässt nach einem Streit nicht die Wohnung und ver-

schwindet auf Nimmerwiedersehen. Das kann ein Vor- und ein Nachteil sein, aber Fakt ist:
Eine Katze bleibt bis zu ihrem Ende da.
Man kann eine Katze nicht zum Auszug zwingen, man kann nicht den Schlüssel zurückverlangen, man kann sie nicht mit einer anderen Katze betrügen, damit sie freiwillig geht.
Eine Katze bleibt bis zu ihrem Ende da!

Ich wiederhole das auch darum so oft, damit sich jeder klar darüber ist, dass man sich eine Katze nicht als »Übergangslösung« zulegen kann.

Das passiert vielen Menschen, ob Mann oder Frau. Nach einer langen, ernsthaften Beziehung ist man alleine und nimmt sich eine »Übergangsfrau« oder einen »Übergangsmann« und schießt den oder die ab, sobald die nächste ernsthafte Beziehung ansteht. Das ist nicht besonders nett, aber es kommt vor.

Erklären Sie so was mal einer Katze. Sagen Sie einer Katze, die Sie sich vor vier Monaten geholt haben und die nun in Ihrer Wohnung lebt: »Du, pass mal auf, das klappt irgendwie doch nicht so mit uns beiden, wie ich gedacht hatte. Ist nichts Persönliches und es liegt auch wirklich nicht an dir, aber ich denke, wir sollten wieder unserer eigenen Wege gehen...« Das geht nicht. Denn:
Eine Katze bleibt bis zu ihrem Ende da!

Interessanterweise wissen Frauen das von Anfang an, wenn sie sich eine Katze holen. Frauen kommen mit der Verantwortung klar. Die sind nicht nach ein paar Monaten überrascht, dass Katzen auch Arbeit machen und manchmal anstrengend sind. Vielleicht ist das ja genetisch bedingt.

Und genau diese Frauen sind es auch, die ganz begeistert sind, wenn ihr neuer Freund sich als Katzenbesitzer entpuppt. Denn diese Männer haben einen ganz speziellen partnerschaftlichen Vorteil: Sie *wissen* bereits, dass es Lebewesen gibt, die bleiben.
BIS ZU IHREM ENDE.

Kleiner Ratgeber

Zum schnellen Nachschlagen, und damit Sie sich als männlicher Leser besser auf die Unterschiede zwischen Frauen und Katzen vorbereiten können, habe ich Ihnen eine kleine Gegenüberstellung vorbereitet.

Der Ratgeber für die Frauen folgt dann im Anschluss. Versprochen!

Situation	**Katze**	**Frau**
Zeitpunkt des Einzugs	Fremdbestimmt	Selbstbestimmt
Dauer des Einzugs	Halbe Stunde	Drei Monate. Aber heimlich, still und leise
Eingewöhnungsphase	Drei Tage	Sein ganzes Leben
Essverhalten	Zwei Feuchtmahlzeiten und Trockenfutter für Zwischendurch	Zwei Feuchtmahlzeiten und Trockenfutter für Zwischendurch (Salat mit Dressing und Dinkelstangen)
Schlafgewohnheiten	14 Stunden am Tag	Von Spielfilmbeginn bis zum Frühstück
Spieltrieb	Sehr stark ausgeprägt. Gerne auch draußen.	Viel zu wenig ausgeprägt. Leider selten draußen.
Hygieneverhalten	Sich überall lecken	…!
Arbeitsteilung im Haushalt	Tut nichts	»Mach doch auch mal was!«
Liebesbeweise	Schnurren und halber toter Vogel vor der Tür	Schnurren und halber toter Vogel im Backofen

Situation	**Katze**	**Frau**
Balzverhalten	Lautes Rufen und Arsch nach oben	Lautes Rufen und …!
Bei Besuch	Glänzt durch Abwesenheit	Glänzt
Stressbewältigung	Krallen wetzen und wildes Umherlaufen	Nägel machen und wildes Umhershoppen
Versöhnungsangebote	Am Bein reiben	…!
Bestechungsversuche	Leberpastete und extra Streicheleinheiten	Leberpastete und extra Streicheleinheiten
Haarverhalten	Verlust hauptsächlich im Sommer auf schwarzen Pullovern	Alle zwei Wochen beim teuersten Friseur der Stadt
Dauer des Aufenthaltes	Bis zu ihrem Ende	Bis zu *Ihrem* Ende

Und nun der Ratgeber für die Frauen. Versprochen ist versprochen …

Situation	**Katze**	**Mann**
Zeitpunkt des Einzugs	Fremdbestimmt	Wenn's nicht mehr anders geht
Dauer des Einzugs	Halbe Stunde	Zehn Minuten
Eingewöhnungsphase	Drei Tage	Sein ganzes Leben
Essverhalten	Zwei Feuchtmahlzeiten und Trockenfutter für Zwischendurch	Zwei Pils und ein Brötchen
Schlafgewohnheiten	14 Stunden am Tag	So wie man halt Zeit hat
Spieltrieb	Sehr stark ausgeprägt. Gerne auch draußen.	Sehr stark ausgeprägt. Gerne auch draußen.

Situation	Katze	Mann
Hygieneverhalten	Sich überall lecken	Wasser und Seife
Arbeitsteilung im Haushalt	Tut nichts	Wissen wir doch alle
Liebesbeweise	Schnurren und halber toter Vogel vor der Tür	Knurren und die Tür reparieren
Balzverhalten	Lautes Rufen und Arsch nach oben	Lautes Rufen und dann nach oben???
Bei Besuch	Glänzt durch Abwesenheit	Würde er gern
Stressbewältigung	Krallen wetzen und wildes Umherlaufen	Anschnallen und wildes Durch-die-Gegend-Fahren
Versöhnungsangebote	Am Bein reiben	Sie einreiben
Bestechungsversuche	Leberpastete und extra Streicheleinheiten	Wie war das mit ihrem Spieltrieb?
Haarverhalten	Verlust hauptsächlich im Sommer auf Ihrem schwarzen Pullover	Verlust das ganze Jahr im Waschbecken
Dauer des Aufenthaltes	Bis zu ihrem Ende	Bis zu seinem Ende

HUNDE UND KATZEN

Dass Hunde und Katzen völlig unterschiedlich konzipiert sind, hat wohl niemand bezweifelt. Worin aber genau bestehen denn diese Unterschiede überhaupt? Klar, die Größe, das Fell, Rudelverhalten, das sind alles Dinge, die einem sofort auffallen.

Aber wie sieht es denn mit dem Gemüt aus? Mit dem Charakter? Ich möchte diesen himmelweiten Unterschied in der Seelenlandschaft unserer beiden Lieblingsmitbewohner einmal anhand von ein paar Beispielen aufzeigen.

Lassen Sie mich aber zuvor einen kleinen Umweg machen. Da ich mich im vorigen Kapitel so ausgiebig mit dem Thema Katzen und Frauen beschäftigt habe, möchte ich als Erstes eine kleine Beobachtung zum Unterschied zwischen Hunden und Katzen wiedergeben, die mir im Zusammenhang mit allen dreien, mit Frauen, mit Katzen *und* mit Hunden, aufgefallen ist.

Und ich möchte gleich zu Beginn anmerken, dass ich das im Folgenden Beschriebene sehr süß, amüsant und liebenswert finde.

Nur zur Sicherheit.

Frauen-Tier-Stimme

Frauen haben eine eigene Stimme für Tiere. Wirklich.

Beobachten Sie Ihre Gattin respektive die Gattin sich selbst einmal dabei, wie sie oder Sie mit Ihrem Tier spricht oder sprechen. Es gibt da eine Stimme für Mimi und Hasso und eine ganz andere für Menschen, Autos und die Schwiegermutter.

Die für die Tiere hat eine ganz andere Frequenz als die Menschenstimme. Sie liegt viel höher, vielleicht weil Frauen denken, dass das feine Gehör von Hunden und Katzen die tieferen Töne nicht mehr wahrnimmt? Es wird wohl ein Rätsel bleiben.

Jedenfalls ist der weibliche Teil der Bevölkerung nicht nur in der Lage, diese beiden Stimmen zu sprechen, nein, sie kann auch zwischen beiden Lagen hin- und herspringen und das im Bruchteil einer Sekunde. Völlig problemlos. Ich finde das faszinierend.

SIE (*mit normaler Menschenstimme*): »Wollen wir heute ins Kino gehen?«

ER: »Ja, klar, gern.«

SIE (*mit normaler Menschenstimme*): »Klasse, Dann gehen wir vielleicht in den neuen Film mit George Clooney und danach...«

– *Stocken* –

Der Hund liegt seit drei Jahren zum ersten Mal auf der für ihn vorgesehenen Hundedecke und nicht auf der Couch.

SIE (*jetzt mit Tierstimme, circa 120 Dezibel, was einem nahe vorbeifliegenden Düsenjet entspricht, und in der Frequenz kurz vorm Zerspringen von Glas*):

»JA, *FEEII*IN MACHST DU DAAAS.«

Die Reaktion von Hunden und Katzen auf diese Tierstimme ist sehr unterschiedlich.

Wenn man mit Hunden so spricht, dann wedeln die wie irre mit dem Schwanz und freuen sich bis zum Herzinfarkt. Ich hab das schon gesehen. Ein Bernhardiner ... pock ... einfach umgefallen. Gut, ich habe, als Claudia unter der Dusche war, ein bisschen die Stimme geübt und den Kleinen mit meinem »Ja fein, ja FEIN, JAAA FEEEIIIIIIIINNN!!!!« wohl in den Wahnsinn getrieben. Bernhardiner haben ja ein kleines Herz. Das wusste ich damals aber noch nicht. Habe ich schon erwähnt, dass ich eher auf Katzen stehe?

Bei Katzen sieht das nämlich schon ganz anders aus. Katzen sind Diven. Katzen kommen zum Beispiel nicht einfach ins Zimmer,

sie betreten den Salon.

Wenn eine Katze ins Wohnzimmer kommt, hat man immer das Gefühl, die Queen persönlich hätte sich zu einem kleinen Abstecher in den Amselweg Nummer 7 herabgelassen.

Und wenn Sie, meine verehrte Leserin, jetzt zu Ihrer *Katze* sagen:

»JA, *FEEII*IN MACHST DU DAAAS.«,

dann denkt diese, und das kann man deutlich am Gesichtsausdruck erkennen: »Ja, und???«

Katzen sind in ihrem tiefen Innern nämlich nicht nur Diven, sondern gleichzeitig auch cool. Quasi eine Mischung aus Claude und Buster. Und das muss ihnen erst mal einer nachmachen.

Beim Spielen mit den beiden Vierbeinern ist es übrigens dasselbe. Völlig unterschiedlich.

Spielen mit Hunden und Katzen

Mit Hunden ist es eher einfach. Fällt Ihnen etwas auf? Dieses Buch ist eher etwas für Katzenliebhaber. Du schmeißt das berühmte Stöckchen: »Wo ist es? Wo ist es? Los, hol's!«, Hasso rennt sofort los und bringt es wieder.

Das können Sie dreißig, fünfzig, hundert Mal hintereinander machen. Stundenlang. Er kommt selbst beim tausendsten Mal noch angerannt, als ginge es darum, das Rudel vor bösen Stöckchenräubern zu schützen – Bernhardiner sind *doch* dusselig! –, und ist stolz wie Oskar. Beim tausendsten Mal schleppt er sich dann allerdings nur noch mit letzter Kraft zu Ihnen, hechelnd, fast kotzend und kollabiert vor Ihren Füßen, aber glücklich mit dem Stock in der Schnauze.

Kennen Sie so etwas von Ihrer Katze? Sicher nicht. Probieren Sie das mal mit Mimi. Pah! Nehmen Sie zum Beispiel so ein Plüschmäuschen für Katzen.

»Wo ist die Plüschmaus? Wooo ist die Plüschmaus? Uuund hol die Plüschmaus!«

NICHTS. Ihre Katze bleibt genau da sitzen, wo sie schon saß, und schaut Sie mit diesem unglaublich mitleidigen Blick an.

»Was? Ich soll losrennen, wenn *du* das willst? Bist du panne? Hast du immer noch nicht kapiert, wer hier der Chef ist?«

Bei meiner Minka ist es natürlich genauso. Wer kriecht jedes Mal unter das scheiß Bücherregal und holt die blöde Plüschmaus zurück? Ich. Und von hinten kommt dann:

»*JA, FEEIIN MACHST DU DAAAS.*«

Und wenn ich dann mit Staubwolken über dem Kopf und 'ner toten Spinne am Ohr wieder zurückgekrochen komme – ich mache da nicht so oft sauber –, was macht dann meine Katze? Sie sitzt noch genau da, wo sie vorher schon gesessen hat, und leckt sich. Die guckt noch nicht mal hin! In der Katzensprache heißt das: »Ja, spiel schön mit deiner Plüschmaus. Ich habe Besseres zu tun.«

Von Stolz und Vorurt... äh, Schmackos

Wenigstens das Sichlecken haben Katzen mit Hunden gemeinsam. Auch wenn es Katzen selbst bei dieser niederen Tätigkeit noch schaffen, irgendwie hoheitsvoll zu wirken. Ich möchte Sie mal sehen...

Bei Katzen wirkt im Übrigen alles hoheitsvoll. Hundeliebhaber sagen dazu vielleicht »arrogant«, aber ich glaube, das ist nur der Neid, denn der größte Unterschied zwischen Katzen und Hunden ist der, dass Hunde von ihren Herrchen abhängig sind und Katzen nicht. Und das ist die Wahrheit!

Wenn Sie Ihren Hund für ein paar Tage vor die Tür setzen und ihm nichts zu fressen und zu trinken geben, wird er leiden. Er wird warten. Er wird bellen, jammern, hungern und aus Liebe zu seinem Herrchen erfrieren.

Und eine Katze? Mööp!

Eine Katze wird vielleicht eine halbe Stunde warten, um zu sehen, ob es sich vielleicht um ein Versehen ihres dusseligen Menschen handelt. Und dann? Dann wird sie nach ein paar Tagen, wenn die Tür wieder offen ist, erst mal gar nicht da sein. Und dann machen SIE sich erst mal Sorgen, tagelang. Wie zufällig wird sie plötzlich hereinstolzieren, mit einem Blick der Ihnen sagt »War was?!«, und sie wird weder hungrig sein noch durstig. Weil sie sich ihr Fressen selbst besorgen kann.*

* *Wussten Sie eigentlich,...*
dass jede vierte Katze, die in der Stadt lebt, ein zweites Zuhause hat, wo sie sich füttern und streicheln lässt?

Und sogar, wenn sie das nicht konnte, wenn sie dürr und mager und ausgehungert ist: Sie wird es Ihnen gegenüber ganz bestimmt nicht zugeben. Niemals! Das widerspricht dem Stolz einer Katze, dem Ehrenkodex, der sicher irgendwo aufgeschrieben steht. Und genau der fehlt einem Hund leider komplett.

Mir ist klar, wie gemein sich das jetzt für jeden Hundeliebhaber anhören muss, und es ist auch nicht so, dass ich Hunde nicht leiden kann. Wirklich nicht!

Aber jedes Mal, wenn ich den Hund von meinem Nachbarn sehe, wie er da hechelnd und sabbernd vor seinem Herrchen steht, nur um einen Schmacko zu bekommen, ist mir das irgendwie peinlich. Ich schäme mich fremd für den Hund. Und das kenne ich sonst nur bei ›Deutschland sucht den Superstar‹.

Ich geh' dann immer ganz schnell wieder zu mir nach nebenan, sage »Platz!«, zu meiner Minka, werde mit einem »Was willst DU denn?!-Blick« belohnt und gebe ihr dankbar ein Stück Lachs von meinem Abendbrot.

Ich mag nun mal selbständige Tiere.

Übrigens: Viele Hundebesitzer argumentieren ja immer damit, dass Hunde die »treuesten« Tiere von allen sind. Ach ja? Hunde werden maximal elf Jahre alt, meine Minka ist jetzt dreiundzwanzig. WER IST HIER TREU?!

Und außerdem verwechseln diese Tierbesitzer meiner Meinung nach »Treue« mit »Abhängigkeit«. Natürlich folgt der Hund Ihnen auf dem Fuß. Selbstverständlich holt er die Zeitung, bringt die Pantoffeln, bellt er Einbrecher in die Flucht. Sicher wacht er neben Ihrem Bett, wenn Sie, das Herrchen, schlafen. Das würde ich auch machen, wenn Sie mein Rudelführer, Leithammel, Dosenöffner und Schmackogeber in einem wären.

Na ja, eigentlich nicht, aber ich kann's zumindest nachvollziehen.

Außerdem muss man mit einem Hund drei Mal täglich »Gassi gehen« und früh aufstehen. Auch da ist meine Minka einfach cooler als jeder Hund. Die schläft nämlich mehr als ich und hat einen eingebauten Wecker.

Als ich noch zur Schule gegangen bin, hat sie mich immer geweckt, pünktlich auf die Minute. Selbst später, als ich nicht mehr so früh aufstehen musste, hat sie nur drei Tage gebraucht, um sich an den neuen Rhythmus zu gewöhnen. Und an den Wochenenden hat sie mich überhaupt nicht geweckt, weil sie wusste, dass am Wochenende ausgeschlafen wird. Ha!

Gut, das mit den Wochenenden war jetzt ein bisschen gelogen, aber der Rest stimmt.

Das mit dem Wecken war allerdings nicht immer die reinste Wonne. Es gab einmal die Situation, dass ich auf einem Auge blind war, als ich aufwachte. Nicht ganz, aber ich konnte alles nur sehr verschwommen wahrnehmen. Warum? Minka hatte mich wach geleckt. Genau genommen mein Auge. Wahrscheinlich war mir des Nachts eine Träne herausgekullert, die Minka dann weg- und sich selbst festgeleckt hatte. Jedenfalls bin ich morgens mit einem völlig verklebten Klätschauge wach geworden. Ich war nur froh, dass ich die Bettdecke bis obenhin hochgezogen hatte.

Katzen sind weiblich und Hunde männlich

Natürlich heißt es DIE Katze und DER Hund, aber das meine ich nicht mit der Überschrift. Mir ist nur aufgefallen, dass Katzen allgemein eher typisch weibliche Verhaltensweisen an den Tag legen und Hunde eher männliche.

Katzen fühlen sich zum Beispiel grundsätzlich immer im Recht, auch wenn sie Fehler machen. Sie schaffen es immer, dass man sich selbst schuldig fühlt. Frauen eben.

Hunde hingegen versuchen immer, zu gefallen und alles auch ja richtig zu machen. Sie beschützen und bewachen zwar, fühlen sich aber an der langen Leine oder ganz ohne Leine eindeutig am wohlsten. Wenn man ihnen Freiraum gibt, kommen sie immer wieder zurück. Männlicher geht's ja wohl nicht.

Ich habe mal Besuch von einem Freund bekommen, der einen schwarzen Labradormischling hat. Emil. Da ich Emil schon kannte und für einen zwar ziemlich tollpatschigen, aber harmlosen Hund hielt, hatte ich vorgeschlagen, dass er ihn einfach mitbringt. Mal ausprobieren, ob die beiden sich verstehen.*

Als Minka und Emil sich trafen, konnte ich nicht umhin mir parallel vorzustellen, wie wohl ein Treffen der beiden als Menschen aussehen würde …

In der Tierwelt …

Ab dem Moment, in dem Emil das Wohnzimmer betrat und Minka gerade auf der Couch lag und döste, konnte man einen ungestümen jungen Welpen beim ersten Treffen mit einem neuen Spielpartner beobachten. Das Verhalten der beiden war absolut typisch!

In der Menschenwelt …

Ab dem Moment, in dem Emil die Bar betrat und Minka gerade auf dem Barhocker saß und an ihrem Cocktail nippte, konnte man einen unerfahrenen, aber extrem willigen jungen Mann beim ersten Anbaggerversuch einer schönen Frau beobachten. Das Verhalten der beiden war absolut typisch!

 Wussten Sie eigentlich, …
dass Hunde, die sich mit der Katze in der Familie gut verstehen, draußen trotzdem jede fremde Katze jagen?

In der Tierwelt ...

Emil sah Minka und wedelte aufgeregt mit dem Schwanz. Sie ignorierte den Besuch total. Emil zog an seiner Leine und wollte Minka unbedingt näher kommen. Also ist er sabbernd und mit hängender Zunge ganz langsam zu ihr hingekrochen.

Minka guckte ihn mit dem Arsch nicht an.

Als Emil dann ganz nah an ihr dran war, wollte er sie direkt ablecken, um seine Begeisterung zu demonstrieren.

Minka machte einen Buckel, stellte die Rückenhaare auf, schaute ihm tief in die Augen und fing an in einer ganz hohen Tonlage zu knurren.

Als Emil noch näher kam und verspielt bellte, fing sie an zu fauchen.

Emil ließ sich nicht abschrecken und legte ihr seinen Beißring vor die Pfoten.

Minka fuhr die Krallen aus und ließ ihn nicht aus den Augen.

In der Menschenwelt ...

Emil sah Minka und wedelte aufgeregt mit ... der Hand. Sie ignorierte den Typ total. Emil zog an seiner Zigarette und wollte Minka unbedingt näher kennenlernen. Also ist er breit grinsend und wahnsinnig lässig zu ihr rübergeschlendert.

Minka guckte ihn mit dem Arsch nicht an. – Frauen haben sich das bei den Katzen abgeguckt!!! –

Als Emil dann ganz nah an ihr dran war, wollte er sie direkt ableck... äh, abschlepp... ach, ansprechen – so –, um sein Interesse deutlich zum Ausdruck zu bringen.

Minka drehte ihren Barhocker zu ihm herum – das mit den Rückenhaaren lässt sich nicht beweisen, ist aber genau so –, schaute ihm tief in die Augen und fing an, ganz süffisant und abfällig zu lachen.

Als Emil noch näher kam und zur Auflockerung einen Witz erzählte, sagte sie: »Witzig. Komm, verzieh dich, Kleiner.«

Emil ließ sich nicht abschrecken und bestellte ihr noch einen Cocktail.

Minka trommelte demonstrativ mit den Fingernägeln auf der Theke und blickte ihm kalt in die Augen.

In der Tierwelt ...

Emil wollte endlich spielen, versuchte einen weiteren Vorstoß und tapste mit der rechten Pfote zur Spielaufforderung auf ihren Schwanz.

Als Antwort haute Minka ihm ihre Pfote mit den ausgefahrenen Krallen auf die Nase.*

Ihr ging das natürlich viel zu schnell. Er hatte eine blutige Nase, war verdutzt, wusste aber nicht so recht warum.

Emil zuckte jaulend zurück – Ach, die will gar nicht spielen? –, rannte weg und saß dann erst mal eine ganze Weile in angemessener Entfernung unter dem Tisch. Und schmollte.

Nachdem ein bisschen Zeit vergangen war, tat Minka so, als wäre alles in bester Ordnung.

In der Menschenwelt ...

Emil wollte endlich zu Potte kommen, ging zum Angriff über und legte seine rechte Hand auf ihren Oberschenkel.

Als Antwort haute Minka ihm eine runter.

Ihr ging das natürlich viel zu schnell. Er hatte eine rote Wange, war der Arsch, wusste aber nicht so recht warum.

Emil zuckte doof glotzend zurück – Ach, die will gar nichts von mir? –, schlenderte deutlich schneller zurück und saß dann erst mal eine ganze Weile in sicherer Entfernung auf seinem Barhocker. Und schmollte.

Nachdem ein bisschen Zeit vergangen war, tat Minka so, als wäre alles in bester Ordnung.

---

* *Wussten Sie eigentlich, ...*
woher die sprichwörtliche Feindschaft zwischen Hund und Katze kommt?
Einer mecklenburgischen Sage nach verwahrte die Katze ein Schriftstück, in dem den Hunden eine bestimmte Fleischration von den Menschen zugesichert wurde. Ausgerechnet die Mäuse fraßen es, und so war die Feindschaft besiegelt.

In der Tierwelt ...

Sie sprang hoheitsvoll von der Couch, stolzierte an Emil vorbei, ließ ihren Schwanz dabei unter seiner Schnauze entlanggleiten, ging in die Küche, fraß etwas und setzte sich danach auf den Teppich, um sich in aller Ruhe zu putzen.

Natürlich setzte sie sich dabei direkt vor Emil, tat aber so, als würde sie ihn gar nicht bemerken.

Emil sah sie an und hechelte.

Minka blinzelte betont lässig und schläfrig mit den Augen.

Emil brummelte enttäuscht und fing an, auf seinem Beißring herumzukauen. Er gab auf.

Es dauerte keine zehn Minuten, und Minka kam plötzlich von sich aus und aus freien Stücken direkt auf Emil zugelaufen.

Sie lief direkt unter den Tisch, roch an ihm und rieb dann ihren Kopf an seiner Schnauze.

Und wie Katzen das eben so machen, lief sie ein Stück weiter bis zur Wohnzimmertür, blieb mit dem Po zu Emil gedreht und zuckendem hoch erhobenem Schwanz stehen und wartete, bis er ihr nachlief, damit sie endlich miteinander spielen konnten.

In der Menschenwelt ...

Sie sprang damenhaft von ihrem Hocker, stolzierte an Emil vorbei, ließ ihren rechten Zeigefinger unter seinem Kinn entlanggleiten, ging auf die Toilette, puderte sich das Gesicht und setzte sich danach in die Sitzgruppe, um in aller Ruhe an ihrem Drink zu nippen.

Natürlich setzte sie sich dabei direkt in Emils Blickrichtung, tat aber so, als würde sie ihn gar nicht bemerken.

Emil sah sie an und lächelte.

Minka gähnte und hielt sich die Hand betont lässig vor den Mund.

Emil brummte enttäuscht und fing an, auf den Salzstangen herumzukauen. Er gab auf.

Es dauerte keine zehn Minuten, und Minka kam plötzlich von sich aus und aus freien Stücken direkt auf Emil zugetänzelt.

Sie kam direkt zu seinem Hocker, lächelte ihn an und sagte: »Kleiner, das ›Wie‹ ist noch nicht so berauschend, aber süß fand ich dich eigentlich von Anfang an.«

Und wie Frauen das eben so machen, lief sie ein Stück weiter bis zur Ausgangstür, blieb mit dem Po zu Emil gedreht stehen, zwinkerte mit dem linken Auge und wartete, bis er ihr nachlief, damit sie endlich miteinander spielen konnten.

Emil wusste nicht, wie ihm geschah, und die meisten Männer wissen es bei ihrem ersten Date wahrscheinlich auch nicht. Trotzdem kennt im Grunde JEDER Mann genau diese Situation: Geht er hin und ist freundlich, wird er ignoriert und bekommt im schlimmsten Fall die Krallen zu spüren. Wendet er sich dann ab, weil er keine Lust auf noch mehr Abfuhren hat, kommt SIE auf einmal wieder an und ist der liebste Mensch der Welt.

Die meisten Männer machen diese Erfahrung irgendwann einmal, und Emil machte sie an diesem Tag eben mit Minka.

Daisy

Am Anfang dieses Kapitels habe ich mich ja ein wenig despektierlich über den Bernhardiner von Claudia geäußert. Ich habe ihn so hingestellt, als wäre er doof. Und das möchte ich geraderücken. Bernhardiner sind sogar sehr doof. Ich darf das sagen, denn ich hatte mal einen, besser gesagt, eine.

Daisy…

Süß und doof.
Auf diesem Foto ist übrigens **NICHT** unsere Küche zu sehen. Wir waren zu Besuch bei Oma.
NEIN, ein Scherz, das war die Kaffee-Ecke in einem Handwerksbetrieb.

Jetzt ist es raus. Ja. Der, der ein Buch über Katzen schreibt, der diese Tiere allen anderen vorzieht, outet sich als ehemaliger Besitzer eines Hundes. – Ja, Hunde besitzt man. – Aber eben weil ich beide Fraktionen kenne, darf ich mir auch anmaßen, die vorangegangenen Vergleiche anzustellen, finde ich. Und Bernhardiner, ich werde nicht müde, das zu betonen, benehmen sich, als hätten sie einen IQ unter der Zimmertemperatur. Das macht sie ja auf keinen Fall weniger liebenswert!

Keine Sorge, das hier ist die einzige Geschichte über einen Hund, und ich erzähle sie auch nur, um den riesigen Unterschied zur Heldin dieses Buches zu unterstreichen.

Mit Hunden muss man Gassi gehen. Mal ehrlich, wenn ich schon aus dem Zimmer gehe, um meiner Katze beim Toilettengang ihre Ruhe und Würde zu lassen, wie soll ich mich fühlen – und er sich auch! –, wenn ich neben dem einzigen Baum an einer Hauptverkehrsstraße stehe und mein Hund mit krummem Rücken auf eine einen halben Quadratmeter große Wiese kackt?
»Morgen, Frau Müller.«
Nein, danke.

Nun hatten wir aber einen Hund. Und das war nicht auf meinen Mist gewachsen! Und man muss mit Hunden Gassi gehen. Die brauchen Bewegung, die müssen ihren Spieltrieb abarbeiten, und die soziale Bindung fördert es natürlich auch. Nun sind Bernhardiner aber nicht nur doof, sondern auch noch von Grund auf faul. Und Daisy – wie wir zu ihrem Namen gekommen sind, erspare ich Ihnen an dieser Stelle – machte da keine Ausnahme. Wir gingen nicht, ich zog sie spazieren. Ich drückte, überredete, streichelte (die Bingo-Masche), lockte … es war immer ein Kampf. Spielen mit ihr, und das ist ja eines der Hauptargumente für einen Hund, war auch nur ansatzweise möglich.

Man schmiss den Ball, und sie platschte lustlos hinterher. Um dann vor dem Ding stehen zu bleiben, …

Dies hier ist das einzige Bild, auf dem Daisy *und* ein Ball zu sehen sind. Alle anderen sehen so aus wie das erste. Man kann hier prima erkennen, dass sie überhaupt nicht weiß, was sie mit dem Ding anfangen soll.

… sich umzudrehen und scheinbar zu fragen: »Und jetzt?«

Dennoch war ich natürlich hin und wieder mit dem Hund unterwegs, um ihm sein Geschäft zu ermöglichen, auch wenn sie da keinen Bock drauf hatte. Und bei einem dieser »Ausflüge« passierte dann etwas, was mich überzeugt hat, dass ein Bernhardiner niemals Bundespräsident werden könnte.

Ich hatte die süße, tapsige Daisy an der Leine, weil wir an einer stark befahrenen Straße entlangmussten, bevor wir zum Wald kamen. Wir liefen den gleichen Weg, den wir schon sehr oft genommen hatten. Daisy kannte diese Strecke eigentlich wie ihre Westentasche, aber was heißt das schon. Auf der anderen Straßenseite tauchte plötzlich ein anderer Hund auf, ein Berner Sennenrüde. Also ein großer, schwerer Koloss, Marke Bud Spencer, der auf sie wohl einen einschneidenden Eindruck gemacht hatte, denn Daisy schaute äußerst interessiert zu ihm rüber. Ob jetzt aus amourösem, leidenschaftlichem Interesse oder in der Überlegung, den Kandidaten da drüben gleich mal kräftig zu verbellen, lässt sich nicht sagen. Jedenfalls sah sie nur ihn. Und rannte frontal vor den Briefkasten. Ungebremst.*

Richtig. Daisy hatte nicht angehalten. Sie hatte im Geradeaus-Weiterlaufen permanent nach links geguckt und den großen, vom Boden circa 1,50 Meter aufragenden, leuchtend gelb gestrichenen, »sicher aus dem Nichts erschienenen und gestern noch nicht da gewesenen« Briefkasten einfach übersehen. Und ich habe sie nicht rechtzeitig warnen oder wegziehen können – das schwöre ich –, weil ich die junge Dame … den Berner Sennenhund auf der anderen Seite auch ganz süß gefunden hatte.

Daisy setzte sich unwillkürlich auf ihren Hintern und guckte mich an, ungefähr so wie auf dem ersten Foto. Ich schaute sie an, musste lachen, hatte aber auch Mitleid. Es tat mir wirklich leid, dass sie sich wehgetan hatte und sich jetzt ganz offensichtlich schämte. Aber einmal wild durch das dicke Fell gewuschelt und mit den Ohren gespielt, schon war alles wieder gut. Das geht schnell, wenn man sich alles nur drei Sekunden merken kann.

Ich habe Daisy sehr liebgehabt, allen kleinen Spitzen hier zum Trotz. Wir sind dann weiter spazieren gegangen, und ich habe sie nicht mehr aus den Augen gelassen. Und um Briefkästen hat

* *Wussten Sie eigentlich, …*
dass das Gehirn einer Katze dem menschlichen Gehirn ähnlicher ist als dem eines Hundes?

sie seitdem immer einen riesigen Bogen gemacht, so als ob das Monster vom fernen Planeten Post wären, die jeden Augenblick angreifen könnten. Sie hat sie im Vorbeilaufen fixiert, um ja den Moment des Überfalls nicht noch einmal zu verpassen und überrumpelt werden zu können.

Bernhardiner sind doof. Sorry. Und das mit dem Geruch, wenn die nass werden, das habe ich noch nicht mal erwähnt.

Moritz

Nein, kein anderer Hund. Ein Papagei. Der Papagei der Familie. Was der dann im Kapitel »Hunde und Katzen« zu suchen hat? Gemach, gemach …

Moritz war ausgesprochen schlau, ganz im Gegensatz zu der unterbelichteten Plüschdame von eben. Moritz beherrschte einen aktiven Wortschatz von etwa dreißig Ausdrücken und wurde nie müde, den auch permanent gegen alle einzusetzen.

Moritz war allerdings nicht die ganze Zeit Mitglied in unserem Haushalt gewesen, sondern lebte früher bei meiner Großmutter. Und die hatte einen Hund – doch, noch einer –, einen schwarzen Cockerspaniel. Die sind durchaus intelligenter als Bernhardiner, was aber auch keine große Leistung ist. Jetzt ist es so, dass Papageien nicht nur Worte aufschnappen und wiedergeben, nein, sie imitieren auch die Stimmen sehr nah am Original. Was zu folgender Szene führte.

»Ango« – so hieß das Tier – »komm mal her. Na komm. Komm mal her …«, rief es aus dem Wohnzimmer, und wir hätten schwören können, dass es meine Großmutter gewesen ist. Weit gefehlt. Die saß in der Küche. Moritz, die hinterhältige Ratte, verarschte mal wieder den Hund. Dieser lief dann auch mit wedelndem Schwanz und freudig hechelnder Zunge ins Zimmer, sah niemanden und begann zu suchen. Irgendwann sprang er aus lauter Verzweiflung auf die Couch, und just in diesem Moment schimpfte »meine Großmutter«: »Ango, geh da runter!« Der Hund erschrak jedes Mal, denn das machte dieser fiese Vogel mindestens einmal in der Woche, sprang wie befohlen auf den Boden und suchte total verwirrt und dem Wahnsinn nahe nach dem Besitzer der Stimme. Er fand ihn nie. NIE!

Und jetzt gleiten wir schon wieder hinüber in die schlaue, entspannte und vor allem coole Welt der Katzen. Als meine Großmutter den Vogel nicht mehr beherbergen konnte, nahmen wir ihn auf, und Minka sah zum ersten Mal einen Papagei. Beute!

Ihm ist bis heute nichts passiert, so viel kann ich verraten. Wir haben uns ab einem gewissen Punkt sowieso mehr um die Unversehrtheit der Katze gesorgt als um die Sicherheit des Vogels.

Moritz hatte sich schnell eingelebt und versuchte seine Spielchen jetzt mit Minka. Da hatte er aber die Rechnung ohne die Katze gemacht. Minka kam nämlich nicht – wie wir ja mittlerweile wissen, kommen Katzen nur, wenn sie wollen – und schon gar nicht, wenn sie »Ango« gerufen wurde. Das war nun wirklich unter ihrer Würde.

Sie saß allerdings mehrmals auf der Lehne unserer grünen Couch und beobachtete ihn sehr aufmerksam in seinem Käfig. Wahrscheinlich, um von seiner Nervosität abzulenken oder auch weil er wirklich ein kleiner Saftsack war – diese Ansicht vertrete ich –, bedachte er meine Katze mit den fiesesten Beleidigungen.

»Du Arsch!« – »Penner« – »Wichser, geh da runter!«

Minka reagierte natürlich *nicht*, saß aber weiterhin auf der Lehne und ließ sich nicht vertreiben. Dann versuchte er es mit Koseausdrücken. »Liebling…« – »Ja, wo ist er denn?« – »Mäuseschnäuzchen…«

Ich kann auch nichts für die fehlende Phantasie meiner Großeltern, bei denen er diese Sachen ja wohl aufgeschnappt haben dürfte.

Minka ließ sich durch all das nicht beeindrucken, und das zeichnet eine Katze aus. Die lässt sich von ihrem Ziel nicht so leicht abbringen. Vor allem lässt sie sich nicht verarschen. Das ist die Lektion dieser Geschichte.

Sie fing plötzlich an zu reden. Und wenn Sie kein Bernhardiner sind, dann erinnern Sie sich jetzt genau an das, was ich meine. Sie ging in die Hocke und zuckte meckernd mit ihrer Schnauze. Sie war auf der Jagd. Und hier war kein Fenster dazwischen und der Vogel keine 30 Meter weit weg in einer Baumkrone. Hier war es nur ein Käfig, und der stand nicht mal einen halben Meter von ihr entfernt. Ihr Schwanz peitschte wild durch die Gegend, sie wurde flach wie eine Flunder und dann … sagte Moritz ganz langsam und säuselnd sanft: »Na, komm doch!«

Abgesehen davon, dass ich mir nicht vorstellen möchte, wie meine Großmutter das zu meinem Großvater gesagt hat und vor allem zu welchem Zweck, fand ich das zum Brüllen komisch. Und diese Geschichte ist wahr, liebe Leserin, lieber Leser! Absolut wahr.

Minka war gestört worden, verdutzt und brach ihre Jagd ab. Wir haben die Möbel kurzzeitig umgestellt und durch gewisse Erziehungsmaßnahmen sichergestellt, dass sie nicht mehr an ihn rankam. Allerdings haben wir auch sichergestellt, dass er nicht mehr an sie rankam. Moritz flog nämlich, einmal rausgelassen, gerne kleine Kamikaze-Einsätze auf alles und jeden. Aber das zu erzählen würde jetzt zu lange dauern. Vielleicht in meinem nächsten Buch: Schmitz' Papagei.

Minka verlor das Interesse an Moritz. Außerdem wurde er ja auch immer älter und somit wahrscheinlich auch immer zäher. Papageien können über achtzig Jahre alt werden, und meine Großmutter hatte ihn schon, als ich noch ganz klein war. Und wer will schon ein Hühnchen, bei dem das Verfallsdatum schon zu Lebzeiten abgelaufen ist?

Die beiden arrangierten sich und schlossen wohl einen Pakt. Er ließ sie in Ruhe und sie ihn. Die beiden wurden dann, wie das im Leben oft so ist, noch richtig gute Freunde. Beweis? Bitte …

Minka und Moritz in trauter Zweisamkeit.
Achten Sie links auf das grüne Sofa. Genau dort hat sie damals gesessen.

VON KATZEN LERNEN

Was können wir als Menschen uns eigentlich von den Pelzfusslern abgucken? Gibt es da was? Ja, ja, den Satz kenne ich auch: »Seitdem ich die Menschen kenne, liebe ich die Tiere.« Auch wenn an diesem Satz sicher etwas Wahres dran ist, so löst er doch keine Probleme, geschweige ist er in der hier gestellten Frage eine Hilfe. Nein, was können wir wirklich von Katzen lernen?

Zum Ersten: Gelassenheit.

Klar, Katzen sind die personifizierte Ruhe. Kein anderes Tier liegt irgendwo rum und schafft es nur dadurch, Sie entspannen zu lassen.

Zum Zweiten: Aufmerksamkeit.

Ich habe beschrieben, wie vorsichtig, akribisch, unbeirrt und ganz bei sich eine Katze ihren Angriff auf Beute vorbereitet. Jetzt empfehle ich Ihnen natürlich nicht, sich genauso auf den süßen Typen an der Tiefkühltruhe oder die schnuckelige Kleine hinter der Theke zu stürzen. Obwohl das vielleicht so manches Problem in Nullkommanix lösen könnte. Und überrascht von so einer selbstbewussten, dreisten, frischen Art wäre er oder sie sicher auch. Wenn ich es mir recht überlege ... doch, machen Sie das. Und berichten Sie, wie es war.

Zum Dritten: Beharrlichkeit.
Wenn Sie einmal wissen, was Sie wollen, dann setzen Sie das auch durch. Verdammt nochmal. Sie sind doch kein Hund. *Sie* sind der Boss! Punkt. Und jetzt nochmal ab an die Theke.

Zum Vierten: Reinlichkeit.
Das mit dem Sich-überall-Lecken wird schwierig. Aber grundsätzlich ständig auf die Hygiene zu achten kann so falsch nicht sein.* Schleppen Sie aber bitte keine Streu in die Bude.

Zum Fünften: Sexualität.
Zehn Stunden umeinander herumschleichen. Fünf Stunden flirten. Eine Stunde die richtige Position finden. Drei Minuten Vollgas. Es ist schon das Gleiche. Da gibt's nichts zu lernen.

Zum Sechsten: Ein bisschen verrückt sein.
Rennen Sie nackt durch Ihre Wohnung. Schreien Sie »Chacka« oder was auch immer Sie wollen. Reißen Sie in Ihrem Wahn ruhig alles aus den Regalen, zerstören Sie die teuren Kunstvasen, pinkeln Sie im Stehen. Das befreit ungemein, stärkt das Selbstbewusstsein, und Sie kommen zu 'ner neuen Einrichtung. Machen Sie aber vorher bitte die Fenster zu.

Zum Siebten: Guter Geschmack.
Stopfen Sie nicht einfach unüberlegt alles in sich rein. Nicht nur Fastfood und die Currywurst von der Ecke. Seien Sie zick...

* *Wussten Sie eigentlich, ...*
dass Katzen ein Drittel ihrer aktiven Zeit mit Putzen verbringen?

wählerisch. Es muss nicht immer Kaviar sein, wäre aber schön! Halten Sie es wie Oscar Wilde: »Mit dem Geschmack ist es ganz einfach: Man nehme von allem nur das Beste.«

Das macht Ihre Katze auch so. Ohne Kompromisse.

Zum Achten: Zuckerbrot und Peitsche.

Lernen Sie bei Ihrer Katze, wie man mit Zärtlichkeiten und plötzlicher Härte in blitzschnellem Wechsel die Wesen um sich herum so erzieht, dass sie alles für einen tun. Und wenn Sie es geschafft haben, dann verraten Sie mir, wie Sie es gemacht haben.

Zum Neunten: Stolz.

Sie müssen daran arbeiten, wie Sie aus einer schier unmöglichen Situation – wie zum Beispiel völlig verdreckt, nackt und stinkend aus einem Kleiderschrank zu marschieren – mit stolz erhobenem Haupt herauskommen und dann noch so etwas sagen wie: »James, den Lachs bitte!«

Zum Zehnten: Zähigkeit.

Springen Sie aus dem fünften Stock und – überleben Sie. Wenn das nicht geklappt hat, ist es auch egal. Wenn doch – und dann melde ich Sie persönlich bei »The next Uri Geller« an –, dann bin ich schwer beeindruckt und Sie dürfen sich ab sofort »Katze« nennen. Das ist aus meiner Sicht die höchste Auszeichnung, die man bekommen kann. Und wenn die Knochen dann heilen, dann bitte ab dem dritten Tag trainieren ... WOMM!!! Trippel, trippel ... kurze Stille ... WOMM!!!!!!!!!!!!!!!!!!!!

DER KATZENTEST – SIND SIE REIF FÜR EINE KATZE?

Wenn Sie sich nach der Lektüre dieses Buches fragen, ob Sie wirklich geschaffen sind für so einen süßen, kleinen Stubentiger, ob Sie in der Lage sein werden, mit diesem knuddeligen, aber eigenwilligen Tier Wange an Wange zu wohnen, zu leben und alt zu werden – und ich weiß, wovon ich spreche – dann habe ich jetzt etwas vorbereitet, womit Sie genau das herausfinden können.

Machen Sie den folgenden Test, und Sie sind auf der sicheren Seite. Aber ich will keine Klagen hören, falls das Ergebnis nicht so ausfällt, wie Sie sich das vielleicht gerade wünschen.

Und wenn Sie bereits eine Katze haben, dann machen Sie den Test trotzdem. Wer weiß, ob Sie sie verdienen?

Frage 1
Wenn Sie neugeborene Katzenbabys sehen, denken Sie: …
a) Och Gott, wie niedlich! Um die muss ich mich sofort kümmern, sie füttern, streicheln und lieb haben … Aber vielleicht rette ich auch 'ne ganz alte mit drei Beinen, blind und taub, aus dem Tierheim … Mal sehen.

b) Wirklich süß, diese kleinen Wollknäuel. Wann fangen die denn an, richtig zu bellen?
c) So sah meine auch mal aus. Bevor sie dick wurde und träge und gemeingefährlich und ... ach nee, das ist ja meine Frau.
d) Ich möchte so was haben! Unbedingt! Hatschi!

Frage 2
Wenn Sie eine Katze hätten, was würden Sie ihr als Erstes besorgen?
a) Natürlich all das, was Ralf Schmitz mir in diesem Buch geraten hat!
b) Ein Halsband und einen großen Knochen!
c) Die Adresse von Menschen, die Katzen mögen!
d) Eine Spielzeugmaus und einen Langhaarrasierer...

Frage 3
Wenn Sie sich von jemandem beraten lassen könnten, wie Sie sich am besten auf Ihre Katze vorbereiten sollten – wer wäre das AUF KEINEN FALL?
a) Roger und Wiebke. Aber wenn ich solche Freunde hätte, wäre ich eh zu deprimiert für ein Haustier.
b) Ralf Schmitz. Weil der eher auf Hunde steht, hat ja auch grad erst ein Buch drüber geschrieben.
c) Mama. Die hat damals schon meinen Hamster vom Balkon geschubst und behauptet, er wäre weggelaufen.
d) Mein Allergologe.

Frage 4
Wenn Sie eine kleine Katze hätten, welcher Fehler IHRERSEITS wäre wohl einer der schlimmsten?
a) Alles an ihr niedlich finden, alles erlauben und machen was sie will. Bingo!
b) Sie ausschließlich mit Schmackos füttern. Ab und an braucht so ein Tier auch Frischfleisch oder getrocknete Schweineohren!

c) Hm. Die Fenster »auf Kipp« lassen? Ganz aus Versehen?*
d) Sie mit in die Kochwäsche zu legen, um alle Keime abzutöten.

Frage 5
Wenn Sie nach Hause kommen, und es riecht nach verwesender Leiche, Harzer Roller und alten Socken zusammen. Was ist zu tun?
a) Ich mache natürlich sofort die Tür zum Badezimmer wieder auf, entferne entsprechende Möbel aus der Wohnung und entschuldige mich bei meiner Katze.
b) Ich nehme mir vor, den Hund nass nicht mehr in die Wohnung zu lassen.
c) Wieso, ist doch alles wie immer?
d) Ich riech nix.

Frage 6
Was tun Sie, wenn sich Ihre Katze beim Kotzen aus Versehen auf links dreht?
a) Ich puste sie zurück. Ganz vorsichtig. Damit sie sich nicht wehtut.
b) Das macht der nicht.
c) Ist doch ein schöner Muff.
d) Ohne Fell ist auch schön.

Frage 7
Ihre Katze kriegt ihre verrückten fünf Minuten. Was tun Sie?
a) Ich mache mit.
b) Tollwut. Der Köter hat die Tollwut!
c) Ganz klar die Tollwut. Ich lasse sie sofort einschläfern.
d) Ich mache mit, passe aber auf, dass sie sich nicht stößt.

* *Wussten Sie eigentlich, …*
dass Sie NIEMALS die Fenster »auf Kipp«, also schräg geöffnet lassen dürfen, wenn Sie die Katze alleine lassen? Ihre Katze kann beim Versuch herauszuspringen hängen bleiben und ersticken.

Frage 8
Ihre Katze sitzt auf dem Katzenklo. Was ist jetzt zu tun?
a) Ich störe sie nicht und hebe danach alles sofort mit dem praktischen Gitterlöffel heraus, damit es nicht so stinkt.
b) Wir waren doch gerade erst Gassi?
c) Ich ärgere sie, was das Zeug hält. Die kriegt ja eh nichts mit in dem Zustand.
d) Danach wird wie immer das ganze Badezimmer drei Mal desinfiziert.

Frage 9
Ihre Katze hat Ihren neuen Flokati als Kratzunterlage missbraucht. Wie reagieren Sie?
a) Ich schäme mich, renne sofort in den nächsten Baumarkt, kaufe KEINEN riesigen, dreiteiligen Kratzbaum, sondern nur einen kleinen Kratzhocker, auf dem sie auch schlafen kann.
b) Ja, richtig so, töte das Schaf, mein Kleiner, töte es. Und jetzt bring's her! Los! Apportieren ...
c) Ich wickle die Katze darin ein und werfe alles zusammen in den Altkleidercontainer?
d) Vielleicht ist es auch der Flokati?

Frage 10
Ihr Liebling möchte gerne auf den Balkon. Worauf müssen Sie sich einstellen, wie er das deutlich macht?
a) Lautes Rufen und Scharren.
b) Bellen.
c) Egal wie. Ich lasse die Katze natürlich sofort raus. Wir haben nämlich überhaupt keinen Balkon.
d) Die Balkontür steht eh immer offen, damit frische Luft reinkommen kann.

Frage 11
Sie wachen morgens auf und haben einen Krümel in der Nase. Was könnte das sein?
a) Katzenstreu.
b) Hundekuchen?
c) Ein Stück Fleischwurst von der Schlachtplatte von gestern Abend.
d) Mein Inhalator.

Frage 12
Sie sitzen in der Badewanne. Worauf hätten Sie vorher achten sollen?
a) Ich hätte die Tür zumachen sollen, damit die Katze nicht versehentlich ins Wasser springen kann.
b) Ich hätte den Klodeckel zumachen müssen. Die Köter saufen so gern das blaue Wasser.
c) Da denke ich nicht drüber nach, für das eine Mal im Jahr.
d) Die Handtücher aus dem Wäschekeller zu holen.

Frage 13
Der Stubentiger schleicht sich an Ihr Abendbrot heran. Welchen Weg wird er wählen?
a) Er nimmt nicht unbedingt den sinnvollsten, aber sicher den unsichtbarsten.
b) Hier wird nicht geschlichen. Er soll hinrennen, die Beute stellen und Laut geben, um anzuzeigen, wo man hinschießen muss.
c) Welchen auch immer. Er sollte es lassen. Sonst geht's ganz schnell abwärts.
d) Wahrscheinlich über das Naturholzparkett auf lösemittelfreiem Dämmschutz, dann weiter über die Anti-Allergiker-Bettdecke und zum Schluss am Düsenstaubsauger mit drei Filtern und ohne Beutel vorbei.

Frage 14
Wenn eine Katze etwas nicht essen will. Woran kann das liegen?
a) Ich habe dummerweise das falsche Futter gekauft.
b) Das verstehe ich nicht. Die fressen doch eigentlich alles!?
c) Ist mir doch egal.
d) Hat sie vielleicht 'ne Lactose-Intoleranz?

Frage 15
Was könnte das Leibgericht Ihres Lieblings sein?
a) Leberpastete.
b) Pansen.
c) Chili!
d) Nussecken?

Frage 16
Sie wollen mit dem Pelztier zum Arzt. Was ist zu berücksichtigen?
a) Ich sollte die Kleine schon früh an den Tragekorb gewöhnt haben, damit sie keine Angst haben muss. Später muss ich dann sanft ein paar Tricks anwenden, damit sie in den Korb springt.
b) Ich mache den Kerl einmal kurz sauber, also ab in die Wanne und abspritzen, und dann Leine und fertig.
c) Dass das viel zu teuer ist!!! Verdammt nochmal.
d) Es müssen unbedingt alle Papiere mitgenommen werden, also Geburtsurkunde, Impfpass, Medikamententabelle und …

Frage 17
Sie wollen sich eine Kanne Baldriantee kochen, weil Sie sich so über etwas geärgert haben. Ist das ratsam?
a) Auf keinen Fall. Mein Liebling dreht sonst sofort durch.
b) So ein Weicheigesöff haben wir überhaupt nicht im Haus. Tut mir leid.
c) Den trinkt nur meine Alte. Soll sie ihn auch machen.
d) Den darf ich leider nicht trinken. Aber die Katze freut sich bestimmt. Die guckt schon so komisch …

Frage 18
Nach einem Routine-Impf-Besuch beim Tierarzt verlangt dieser 175 Euro von Ihnen. Sie finden das...
a) ... ziemlich überteuert, aber Gesundheit hat eben ihren Preis. Dafür gehen Sie erst übernächsten Monat zum Zahnarzt.
b) ... geschmacklos. So 'ne kleine Promenadenmischung und dafür so viel Kohle.
c) ... eine Unverschämtheit und sagen dem Tierarzt, er könne die Katze in Zahlung nehmen.
d) ... nicht schlimm. Gegen Ihre Rechnungen vom Allergologen ist das doch pille-palle.

Frage 19
Sie haben Damenbesuch und möchten sich gerade zu zweit ins Bett kuscheln, als Ihre Katze sich schnurrend dazugesellt. Als aufmerksamer Leser tun Sie jetzt WAS?
a) Gab's da eine Lösung? Muss ich gleich nochmal lesen, die Geschichte!
b) Ich rufe laut »Aus! Sitz! Bleib!« und mache ungestört weiter.
c) Ich werfe eine Maus aus dem Fenster, um die Katze abzulenken. Wenn das nichts bringt, werfe ich die Katze aus dem Fenster.
d) Ich bitte die Katze höflich, mich in meinem Privatleben nicht weiter einzuschränken. Danach gebe ich wie immer auf, schmuse mit der Katze und schicke die Frau nach Hause.

Frage 20
Ihre Katze hat Ihnen durch wiederholtes Wollknäuel-Würgen (Kotzen) ein sehr romantisches Date versaut. Was tun Sie?
a) Ich ärgere mich fürchterlich, bin mir aber sicher, dass meine Katze das nicht getan hätte, wenn es sich bei meiner Verabredung um einen wirklich tollen Menschen gehandelt hätte. Also ... ziemlich sicher.
b) Ich wundere mich und gehe sofort zum Tierarzt. Da stimmt

doch was nicht. Außerdem weigert sich Bello immer noch standhaft, mir die Zeitung zu holen …

c) Ich erkläre der Tussie, dass ich keine Ahnung habe, wo dieses Monster hergekommen ist, und verspreche, es zeitnah zu entsorgen.

d) Ich streichle sie, weil das bestimmt keine Absicht war. Dann niese ich und kriege wieder rote Augen …

Frage 21
Ihr Nachbar fährt in den Urlaub und bittet Sie, sich für zwei Wochen um seinen Hund zu kümmern. Ihre Reaktion?

a) Ich biete ihm an, den Hund in seiner Wohnung zu füttern und mit ihm spazieren zu gehen. In meine Wohnung kommt er nicht, solange ich nicht weiß, ob meine Katze mit ihm klarkommt.

b) Als ich das Tier, das mein Nachbar hartnäckig »Hund« nennt, sehe, geht mir so langsam ein Licht auf …

c) Ich falle ihm vor Freude um den Hals, nehme den Hund mit nach Hause und probiere als Erstes den Befehl »FASS!« aus.

d) Ich sage selbstverständlich zu, denn ich liebe alle Tiere. Und warum ich keine Luft bekomme, niese und körperlich dem Ende zugehe, ist mittlerweile auch egal …

Frage 22
Ihre Katze ist nach vielen, vielen Jahren in die ewigen Jagdgründe eingegangen. Sie denken …?

a) »Das ist unglaublich traurig.« (Was ist das denn für eine selten blöde Frage?!)

b) »Er war ein guter Hund.«

c) »YEAH! Juhuuuuuu! Halleluja! End-lich!«

d) »Mir bricht das Herz. Aber Moment … ich kann wieder atmen! Und sehen! Zwei gute Eigenschaften, um mir sofort eine neue Katze zu besorgen!«

Auswertung

Überwiegend a)
Sie sind der perfekte Katzenbesitzer. Zu perfekt. Ich vermute mal ganz stark, dass Sie sich mit Absicht auf alle a)-Antworten gestürzt haben, weil Sie gedacht haben: »Da kann ich nur gewinnen!« – Falsch. Das zeigt nur, dass Sie so ziemlich alles tun, um als Katzenfreund durchzugehen. Ein WAHRER Katzenbesitzer zeichnet sich aber nicht durch Einschleimen, sondern durch Humor aus. In den meisten Fällen sogar Galgenhumor. Anders kann man die vielen, VIELEN Jahre mit seiner Katze gar nicht gesund überstehen. Natürlich sind Sie trotzdem für eine Katze geeignet, aber ich bin mir ziemlich sicher, dass eine Katze Sie ziemlich langweilig finden wird.

Überwiegend b)
Sie sind ja wohl völlig bekloppt. Absolut gaga. Aber lustig. ICH fände es super, wenn Sie sich eine Katze zulegen würden. Ob die Katze das genauso super findet, ist eine andere Frage.

Überwiegend c)
Tun Sie mir und allen Katzen dieser Welt einen großen Gefallen: Halten Sie Abstand! Dringend! Bitte!!!

Überwiegend d)
Auch wenn ich Sie für den perfekten, ja, für den absolut allerperfektesten Katzenbesitzer überhaupt halte. Auch, wenn ich Sie für Ihre gute Seele und Ihre Liebe zu allem Getier dieser Welt am liebsten in den Arm nehmen und ganz feste knuddeln möchte: Keine Katze für Sie.

Ich will, dass Sie *leben*!

10 GEBOTE FÜR DEN KATZENBESITZER

1. Du sollst keine anderen Katzen haben neben mir. Wehe!
2. Du sollst den Namen deiner Katze nicht zu dusselig und peinlich aussuchen.
3. Du sollst den Feiertag ehren und deswegen dann *immer* mit deiner Katze spielen.
4. Du sollst deinen Vater und deine Mutter, wenn du ausgezogen bist, auch mit einer Katze beehren. Die sollen nicht froh sein, dass es für sie vorbei ist.
5. Du sollst nicht töten. Gibt doch Dosenfutter!
6. Du sollst die Ehe mit deiner Katze – und es ist eine, ganz sicher – nicht brechen. Geht sowieso nicht. Denn eine Katze bleibt bis zu ihrem Ende da.
7. Du sollst der Katze nicht den freien Weg zum Klo klauen. Nein, nein, nein.
8. Du sollst nicht lügen und deiner Katze ein -iskas für ein -eba vormachen.
9. Du sollst nicht begehren deiner Katze Kuscheldecke. Die Haare stören eh.
10. Du sollst nicht begehren deines Nächsten Katze. Du kriegst sie eh nicht. Ist ja seine.

10 GEBOTE FÜR DIE KATZE

1. Du sollst keine anderen Herrchen haben neben mir.
2. Du sollst den Namen des Herrchens nicht vergessen. Minka!
3. Du sollst den Feiertag ehren und heute *nicht* vierzig Mal auf den Balkon wollen.
4. Du sollst deinen Vater, den du nicht kennst, und deine Mutter, die du nie wieder gesehen hast, ehren. Die sind nämlich noch bei Onkel Fred und haben es echt nicht leicht.
5. Du sollst nicht den unglaublich seltenen und teuren Rasse-Singvogel vom Nachbarn töten.
6. Du sollst nicht ehe(r)brechen ... bis du in der Küche bist.
7. Du sollst nichts vom Sonntagsfrühstückstisch stehlen.
8. Du sollst nicht lügen und die Salami wieder hergeben.
9. Du sollst nicht begehren deines Nächsten Kratzbaum.
10. Du sollst nicht begehren deines Nächsten Herrchen. Denn ein vernünftiger Mensch behält dich bis zu deinem Ende da!!!

SCHLUSSWORT

Jetzt haben Sie alles gelesen und erfahren, was Sie über eine Katze wissen müssen, liebe Leserin, lieber Leser.

Glauben Sie mir, jetzt sind Sie vorbereitet – falls Sie noch keine Katze haben – sich eine zuzulegen, und falls Sie bereits stolzer Besitzer sind – die Ansprüche müssen, wie bereits zu Beginn erwähnt, noch geklärt werden –, haben Sie vielleicht neuen Mut geschöpft. Trösten Sie sich, es wird nicht besser.

Sie haben alle meine Abenteuer mit Minka nun miterlebt, hoffentlich ein wenig geschmunzelt, und sind schon ganz ungeduldig, endlich loszurennen und sich auch so ein verrücktes, durchgeknalltes, liebenswertes Geschöpf ins Haus zu holen, vielleicht sogar ein zweites, Sie Wahnsinniger.

Was soll ich sagen? Ja, tun Sie das, sofort! Retten Sie ein paar dieser Knuddelbiester aus dem Tierheim. Fräulein Rottenmeier wird Sie gerne empfangen. Passen Sie nur auf den Dalmatiner im Eingang auf. Stürmen Sie los, suchen Sie sich eine aus, beziehungsweise lassen Sie sich aussuchen! Und was auch immer für ein Exemplar Sie erwischen, ob einen streichelbedürftigen Bingo, 'ne dicke Diva wie Claude, einen coolen Buster oder 'nen Alkoholiker wie Napoleon, einen Weihnachtskater Klaus, eine hypochondrische Shira oder, mit viel Glück, 'ne schwerhörige, vergessliche, uralte Dame wie Minka, vergessen Sie eines niemals:

Eine Katze bleibt bis zu ihrem Ende da!

Lassen Sie mich dazu noch Folgendes anmerken. Es gefällt mir nicht, aber mir ist auch klar, dass ich mich so langsam mit dem Ableben meiner Katze beschäftigen muss. Ich rechne zwar noch mit vielen, vielen gemeinsamen Jahren, aber man darf die Augen auch nicht ganz vor der fernen Zukunft verschließen.

Minka ist mit ihren 23 Jahren jetzt so alt, und man sieht ihr das Alter auch schon ein bisschen an, dass ich mittlerweile ganz oft gefragt werde: »Sag mal, was machste eigentlich, wenn die Katze tot ist? Kaufste dir dann 'ne neue?«

Und ich entgegne dann immer:
»Ja klar. Immer wenn was stirbt, zack, dann kaufe ich mir direkt was Neues nach. Wie damals mit der Oma. Als meine Großmutter gestorben ist, da bin ich direkt ins Altersheim und hab mir 'ne neue ausgesucht. Ja wirklich, da gibt es gaaanz viele. Die haben alle so lustige Schnurrbarthaare. Gut, man muss ein bisschen aufpassen. Wenn der Nachbar nämlich auch 'ne Oma hat, das kann schon mal schnell zu Keifereien kommen.

Es gibt so viele Omas in Heimen. Wisst ihr auch warum? Ich weiß warum. Überlegt doch mal. Da wünscht sich zu Weihnachten ein zehnjähriges Mädchen 'ne Oma. Dann wird über die Festtage damit gespielt, und nach Weihnachten ist die nicht mehr interessant! Für 'ne Oma kann man bei Jamba keinen neuen Klingelton runterladen! Da klingelt nix mehr. Und in den Sommerferien dann, auf dem Weg nach Süditalien, da wird die Oma dann an der nächsten Autobahnraststätte einfach ausgesetzt. Zu schwierig geworden. Irgendeiner sammelt die ganzen Omas dann bestimmt ein, gibt sie ab, und deswegen gibt es so viele Omas in Heimen.

Ich hab's schon mal mit 'nem Opa probiert. Ich hab ihn aus dem Heim um die Ecke geholt. War aber leider schon zu spät, der war zu verwildert. Der hat in alle Ecken ... sorry. Der ist auch manchmal tagelang nicht nach Hause gekommen. Zuletzt gar nicht mehr! Der ist bestimmt einem Opafänger in die Hände gefallen.«

Und dann haben alle verstanden, was ich meine.*

Ich glaube, wenn Minka eines Tages nicht mehr da sein sollte, dann werde ich mir *keine* neue Katze kaufen. Man trifft sich und man verbringt ein halbes Leben miteinander, und das ist etwas Besonderes, zumindest in meinem Fall. Man kann im Leben nicht immer alles einfach austauschen, auch wenn uns unsere derzeitige Konsumweltphilosophie das glauben machen will. Eine Jeans, einen Fernseher, ein Auto, tauschen Sie die, so viel Sie wollen. Ein Leben? Einen Charakter? Den ältesten Freund, den Sie haben?** Vielleicht sind viele ersetzbar, aber austauschbar sicher nicht. Und Minka ganz bestimmt nicht. Wenn sie also mal nicht mehr neben meinem Schreibtisch liegen sollte und darauf wartet, dass ich endlich aufhöre und mich wieder ein bisschen mit ihr beschäftige, wenn sie also eines Tages nicht mehr motzend und giftig vor der Balkontür stehen sollte und mich nervt, dann werde ich sie sehr vermissen. Und mir KEINE neue Katze kaufen.

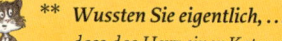

* *Wussten Sie eigentlich, ...*
dass circa ein Fünftel aller Katzenhalter in Deutschland ihre Katze schon über zehn Jahre haben?

** *Wussten Sie eigentlich, ...*
dass das Herz einer Katze mit 110 bis 140 Schlägen in der Minute doppelt so schnell schlägt wie das unsere?

Aber vielleicht läuft mir ja mal wieder eine über den Weg …

Ihr

*Die Katzen sind die einzigen vierbeinigen Lebewesen,
die dem Menschen klargemacht haben,
er müsse sie versorgen,
sie bräuchten aber nichts dafür zu tun.*
Kurt Tucholsky

Und weil Sie brav bis GANZ zum Schluss gelesen haben, erzähle ich Ihnen jetzt auch meinen Lieblingskatzenwitz:

»So klein und schon ein Bart?«, wird der kleine Kater auf der Wiese von einer Kuh angequatscht. Darauf der Kater: »So groß und immer noch keinen BH?«

Jetzt ist aber *wirklich* Schluss.

DANKESCHÖN

Zu guter Letzt ein »Großes Dankeschön« für Unterstützung, Mithilfe, Recherche, Fotosuche, Erinnerungen und, nicht zu vergessen, für das Einfach-da-Sein an …

meine Mutter,

meine Schwester,

meine damalige Freundin Sandra,

unseren Tierarzt Herrn Wodecki

… und Minka.

KLEINES FOTOALBUM

Liebe Leserin, lieber Leser,

ich habe mich ganz bewusst damit zurückgehalten, diese typischen, unglaublich niedlichen, ach so putzigen Katzen-Fotos in diesem Buch überall einzubauen. Wenn die Versuchung auch groß war. Ich habe endlos viele davon. Wie jeder, der eine Katze hat. Außer natürlich meine Schwester von ihrer Shira.

Ganz am Schluss aber möchte ich diejenigen nicht enttäuschen, die vielleicht auf genau solche Fotos gewartet haben. Die anderen hören jetzt einfach auf zu lesen. Tschüs...

Erstere finden aber auf den allerallerletzten Seiten eine kleine Zusammenstellung von entsetzlich süßen Fotos meiner Minka.

Ich bitte jetzt schon um Entschuldigung, wenn das eine oder andere nicht so ganz neu aussieht. Aber genau das wollte ich auch nicht verändern. Ein altes Bild ist ein altes Bild, und das sollen Sie ruhig sehen. Sonst könnte ja jeder behaupten, dass seine Katze dreiundzwanzig Jahre alt ist.

Dann mal bis zu Schmitz' Papagei...

Junge Minka im Wohnzimmer.
Sind die Möbel nicht der Hammer? Meine Mutter würde jetzt so was sagen wie: »Warte nur, kommt alles wieder.«

Minka kurz nach dem Besuch ihres Katzenklos. Das Foto fand sie, glaube ich, unangebracht.

Minka kurz vorm Schlagen.

Muss sein. Ein Bild unterm Weihnachtsbaum. Gehört in jedes Album.
Ich suche noch das andere mit der Oma raus. Moment …

Minka in einem dieser Stühle aus den 80ern. Das war meiner! Wo ist der überhaupt?

Hier denkt Minka absolut NICHTS.

Auf der alten Nicht-Ikea-Couch, auf der sie endlose Fäden gezogen hat.
Verdammt nochmal.

Süß. Musste also auch hier rein.

Minka in ihrem Lieblingskörbchen.

Die alte Dame will mittlerweile immer an der Heizung liegen. HeizDecken sind ja tabu. Warum auch immer.

Minka nochmal in ihrem Lieblingskörbchen. Nur verdreht. Keine Ahnung, wie Katzen so schlafen können. Wenn ich so aufwache, bin ich tot.

Warum Katzen oft in den verrücktesten Kartons liegen wollen, weiß wohl niemand so genau. Aber muss es gleich ein kleiner Sarg sein? Das habe ich damals auch immer gesagt, und es gab jedes Mal einen Riesenärger. Sieht aber doch wirklich so aus, oder?

Minka schon ganz schön zerrupft. Mama auch.

So ein Foto haben alle. Ich weiß!!!

Buster: Wie kriege ich den Scheißkerl jetzt aus meinem Bett?

Und Claude denkt DOCH, er sei ein Mensch!

Buster. Einfach nur, damit Sie »Oohhhhh« machen.

Key West ist wirklich ein Ziel für Katzenfreunde. Selbst am Strand trifft man welche, also Katzen. Hier führt »Stummelschwanz« gerade vor, was er kann.
Weil er WILL, nicht weil er MUSS!

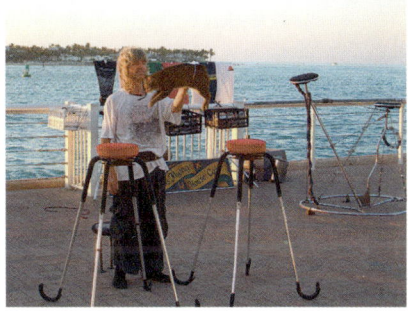

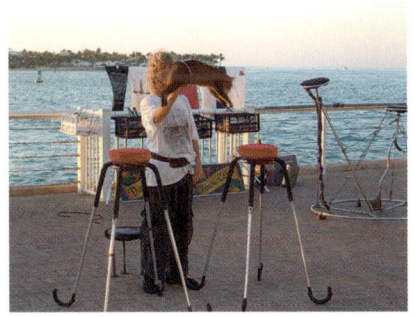

Bildnachweis

Die S. Fischer Verlag GmbH dankt allen Rechtegebern für die Abdruckgenehmigungen. Da in einigen Fällen die Inhaber der Rechte nicht festzustellen oder erreichbar waren, verpflichtet sich der Verlag, rechtmäßige Ansprüche nach den üblichen Honorarsätzen zu vergüten.
© Jörg Steinmetz (S. 6)
© Frank Schmeißer (Seite 55)
© Nicole Godt (Seite 143)
Fotos Claude, Buster und Klaus © 2008 Sandra Funck (Seite 160, 161, 162, 163, 164, 165, 263, 264)
© Bündnis 90/Die Grünen, Landesverband Niedersachsen, Hannover 2008 (Seite 167)

Tommy Jaud
Vollidiot
Der Roman
Band 16360

Nicht alle Männer sind Idioten. Einige sind Vollidioten.

Irgendwas läuft neuerdings schief bei Simon, und zwar gründlich. Manchmal würde dieser Vollidiot sogar gerne alles richtig machen – aber genau dann geht alles richtig schön daneben. Die richtige Frau steht zum Beispiel zum falschen Zeitpunkt vor der Saunatür, die kroatische Putzfrau will ihn anderweitig verkuppeln und seine Chefin muss ihn leider dann doch irgendwann feuern. Wird Simon mit Hilfe von Dale Carnegie, Schlemmerfilets und besten Freunden wieder zum erträglichen Chaoten?

»Tommy Jaud hat ein brachliegendes Genre neu belebt –
den deutschen Männerroman.«
Wolfgang Höbel, DER SPIEGEL

»Man lernt aus ›Vollidiot‹ sicher mehr über das
heutige Deutschland als in allen grimmepreisgekrönten
Filmen des vergangenen Jahres zusammen.«
Nils Minkmar, Frankfurter Allgemeine Sonntagszeitung

www.tommyjaud.de

Fischer Taschenbuch Verlag

Tommy Jaud
Resturlaub
Das Zweitbuch
Roman
Band 16842

Seine Eltern wollen, dass er endlich ein Haus baut. Seine Freundin will endlich ein Kind. Und seine Freunde wollen zum elften Mal nach Mallorca. Doch Pitschi Greulich hat einen ganz anderen Plan.

Eine ziemlich komische Geschichte über einen 37-jährigen Brauerei-Manager, der ausgerechnet am Ende der Welt das sucht, was er zu Hause längst hatte.

»Es geht in ›Resturlaub‹ um alle großen Themen unserer Zeit: um die Fortpflanzungsunlust von Menschen Mitte dreißig. Um eine total lockere und trotzdem verdruckste Heimatliebe. Und um die strukturelle Unreife der Männer, ihre ritualisierte Trunksucht, ihre erotischen Hirngespinste, ihre ›komplette Hilflosigkeit‹. Ein Hammer von Gegenwartsroman also.« *Wolfgang Höbel, DER SPIEGEL*

»Skurril, trendy, amüsant.
Tommy Jauds absurde Komik ist perfekt!«
Freundin

Fischer Taschenbuch Verlag

Tommy Jaud
Millionär
Der Roman
Band 17475

Was ist eigentlich aus dem *Vollidioten* geworden?
Ja, nix natürlich!

Simon nörgelt, Simon nervt – aber Simon verbessert die Welt. Glaubt er. Außerdem braucht der inzwischen arbeitslose Vollidiot mal eben 1 Million Euro, um eine nervtötende Nachbarin loszuwerden. In seiner Not entwickelt Simon eine derart abgefahrene Geschäftsidee, dass die Chancen hierfür gar nicht so schlecht stehen …

»Eine Gag-Invasion mit viel Wortakrobatik und einem Hauch Melancholie. Einer der besten Unterhaltungsromane der letzten Jahre. Tommy Jaud – Deutschlands witzigste Seite.«
Alex Dengler, Bild am Sonntag

www.tommyjaud.de

Fischer Taschenbuch Verlag

Nina Schmidt
Bis einer heult
Roman
Band 17429

Nüchtern betrachtet läuft alles ganz gut in der gemeinsamen Wohnung: Lukas pinkelt freiwillig im Sitzen, er denkt an Antonias Geburtstag und stellt benutzte Kaffeetassen in die Spülmaschine statt daneben. Doch häufen sich in letzter Zeit die Indizien, dass Antonias beste Freundin mit ihrer Theorie richtig liegt, wonach Männer sich hormonbedingt stets nach zwei Jahren entscheiden, ob sie mit ihrer Partnerin langfristig zusammen bleiben: Lukas spielt in letzter Zeit lieber mit der Playstation als mit Antonia, über »Kinder und so« will er irgendwann mal reden, Sex gibt's nur noch zweimal pro Pillenpackung. Drücken Kurzmitteilungen wie »bring toast mit« tatsächlich den gleichen Grad an Liebe aus wie »freu mich auf dich, meine süße!«? Ist es normal, dass einem der eigene Freund die Batterien aus dem Epilierer klaut, weil die in der TV-Fernbedienung leer sind? Noch bevor Antonia diese Fragen beantworten kann, zieht Lukas' Exfreundin in die Stadt, und Antonia muss so schnell wie möglich herausfinden, ob es für sie und Lukas eine Zukunft gibt oder nicht ...

»Das Buch ist wie ein ›Zoch‹ durch
die Gemeinde Köln, bei dem man mit seiner besten
Freundin und viel Kölsch alle Absurditäten des Liebeslebens diskutiert. Ein großer Spaß, aber ohne Kater.«
Annette Frier

Fischer Taschenbuch Verlag

Schmitz liest:
Schmitz' Hörbuch

100% Katzenkompatibel:
- Abwaschbar
- Kratz- und bissfest
- Beide Hände bleiben frei

Ralf Schmitz
Schmitz' Katze
*Hunde haben Herrchen,
Katzen haben Personal*
Autorenlesung
3 CDs, 208 Minuten
€ 16,95 (D) sFr 32,50*
ISBN 978-3-86610-567-6

* Empfohlener Verkaufspreis

Die Hörprobe und weitere Informationen
finden Sie unter www.argon-verlag.de
und unter www.schmitzkatze.tv

Argon Verlag GmbH   Neue Grünstraße 17   10179 Berlin